Michael Russ

Druckabhängigkeit der Stabilitätsgrenzen für das Auftreten periodischer Verbrennungsinstabilitäten in Gasturbinenbrennkammern

Druckabhängigkeit der Stabilitätsgrenzen für das Auftreten periodischer Verbrennungsinstabilitäten in Gasturbinenbrennkammern

von
Michael Russ

Dissertation, Karlsruher Institut für Technologie
Fakultät für Chemieingenieurwesen und Verfahrenstechnik,
Tag der mündlichen Prüfung: 23.07.2010

Impressum

Karlsruher Institut für Technologie (KIT)
KIT Scientific Publishing
Straße am Forum 2
D-76131 Karlsruhe
www.ksp.kit.edu

KIT – Universität des Landes Baden-Württemberg und nationales
Forschungszentrum in der Helmholtz-Gemeinschaft

KIT Scientific Publishing 2010
Print on Demand

ISBN 978-3-86644-563-5

Druckabhängigkeit der Stabilitätsgrenzen für das Auftreten periodischer Verbrennungsinstabilitäten in Gasturbinenbrennkammern

zur Erlangung

des akademischen Grades eines

DOKTORS DER INGENIEURWISSENSCHAFTEN (Dr.-Ing.)

von der Fakultät für

Chemieingenieurwesen und Verfahrenstechnik

des KIT Karlsruhe (TH)

genehmigte

DISSERTATION

von

Dipl.-Ing. Michael Russ

aus Speyer

Tag des Kolloquiums: 23. Juli 2010
Hauptreferent: Prof. Dr.-Ing. habil. Horst Büchner
Korreferent: Prof. Dr.-Ing. Karlheinz Schaber

Vorwort

Die vorliegende Arbeit entstand am Lehrstuhl für Verbrennungstechnik des Engler-Bunte-Instituts des KIT Karlsruhe (TH) im Rahmen der Forschungsinitiative „Kraftwerke des 21. Jahrhunderts" und wurde durch das Land Baden-Württemberg und die MTU Aero Engines finanziell gefördert.

Dem Hauptreferenten Prof. Dr.-Ing. habil. Horst Büchner möchte ich in besonderem Maße für die Gelegenheit zur Durchführung dieser Arbeit danken. Sein außerordentlich ansteckendes Engagement für das Fachgebiet der Verbrennungstechnik im Allgemeinen und für das Phänomen der periodischen Verbrennungsinstabilitäten im Speziellen war dabei für mich stets Ansporn und Motivation und bildete damit eine wesentliche Grundlage für das Gelingen der vorliegenden Arbeit.

Prof. Dr.-Ing. Karlheinz Schaber danke ich für die Übernahme des Korreferats, sein Interesse an dieser Arbeit und für die konstruktive Diskussion der Ergebnisse.

Dem Lehrstuhlinhaber Prof. Dr.-Ing. Henning Bockhorn danke ich für die Möglichkeit zur Promotion an seinem Lehrstuhl.

Bei allen Mitarbeitern des Instituts für Verbrennungstechnik bedanke ich mich für die angenehme Zusammenarbeit. Hervorzuheben sind dabei vor allem Christian Bender und Axel Meyer und ihre Hilfsbereitschaft, Kollegialität und Freundschaft. Danke dafür! Besonderer Dank gilt zudem Herrn Walter Pfeffinger, der die alten Messrechner bis zum Schluss am Leben erhalten und damit wesentlich zum Erfolg der Experimente beigetragen hat. Weiterhin habe ich Frau Reinhardt und Frau Zbornik für ein stets offenes Ohr und eine helfende Hand zu danken. Zudem wäre ohne die Unterstützung der Herren Berg, Donnerhacke, Haug, Herbel, Herbst, Klette, Pabel, Steitel und Wachter die praktische Umsetzung der Arbeit kaum gelungen.

Für das entgegengebrachte Verständnis und die Unterstützung während meiner Promotionszeit möchte ich meiner Familie und meinen Freunden danken. Meinen Eltern danke ich für den starken Rückhalt und das entgegengebrachte Vertrauen während meiner gesamten Ausbildung. Ein besonderer Dank gilt meiner Frau Kristina für Ihre Geduld, Unterstützung und Liebe speziell während der Entstehungsphase und der Fertigstellung dieser Arbeit.

Römerberg, im August 2010   Michael Russ

Inhaltsverzeichnis:

1 Motivation und Einleitung

1.1 Energiewirtschaftlicher und technischer Hintergrund

Viele Fragen der aktuellen gesellschafts- und umweltpolitischen Diskussion drehen sich um die zukünftigen Herausforderungen, einen wachsenden Bedarf an Energie mit sinkenden Förderleistungen von fossilen Energieträgern, der Marktintegration von regenerativen Energiesystemen und der Entscheidung pro oder contra Kernenergie in Einklang zu bringen. Weiterhin besteht vermehrt die Notwendigkeit zur Reduktion von sogenannten Treibhausgasen und somit eine verstärkte Regulierung von Schadstoffemissionen bei Energiesystemen (Verbrennungskraftwerke, Verbrennungsmotoren, Industriefeuerungsanlagen und Flugzeugturbinen) vorzunehmen. Zusätzlich werden auch Vorschriften erarbeitet, die z.B. die Effizienz von elektrischen Endverbrauchern erhöhen sollen. Dabei sollte jedoch berücksichtigt werden, dass Leistungs- und Wirkungsgradsteigerungen bei den genannten Energiesystemen unterschiedlich starke Auswirkungen auf den Gesamtenergieverbrauch der Gesellschaftssysteme haben und damit letztlich auf die verbleibende Zeitspanne in der fossile Energieträger noch wirtschaftlich nutzbar sind – also bevor deren Anteil am gesamtgesellschaftlichen Energieaufkommen durch neue regenerative Energiesysteme übernommen werden muss.

In Abbildung 1-1 ist das Energieflussbild der Bundesrepublik Deutschland für das Jahr 2007 dargestellt. Es ist zu erkennen, dass derzeit von 477,5 Mio. t SKE Primärenergieverbrauch 128,7 Mio. t SKE an Umwandlungsverlusten anstehen. Neben weiteren Komponenten stehen so lediglich 292,9 Mio. t SKE dem eigentlichen Energieverbrauch - in der Darstellung aufgeteilt in Industrie, Verkehr, Haushalt und Gewerbe bzw. Handel - zur Verfügung. Es ist ersichtlich, dass Wirkungsgradsteigerungen in den oben genannten Energiesystemen umso gewichtiger sind, abhängig von der Tatsache, wo im Energieflussbild das jeweilige System angesiedelt ist. Beispielsweise ist die Reduzierung von Verlusten in Kraftwerkssystemen effektiver als die energietechnische Optimierung von elektrischen Endverbrauchern, da die Energie, die durch Umwandlungsverluste dem weiteren Energiefluss nicht mehr zur Verfügung steht, durch Optimierungen im Bereich des Endverbrauchers nicht mehr zu kompensieren sind. Dies ist der Grund, warum der Effizienzsteigerung bei der Umwandlung von Primärenergie in nutzbare Energieformen wie elektrische, thermische oder kinetische Energie, erhöhte gesellschaftliche Priorität eingeräumt werden muss.

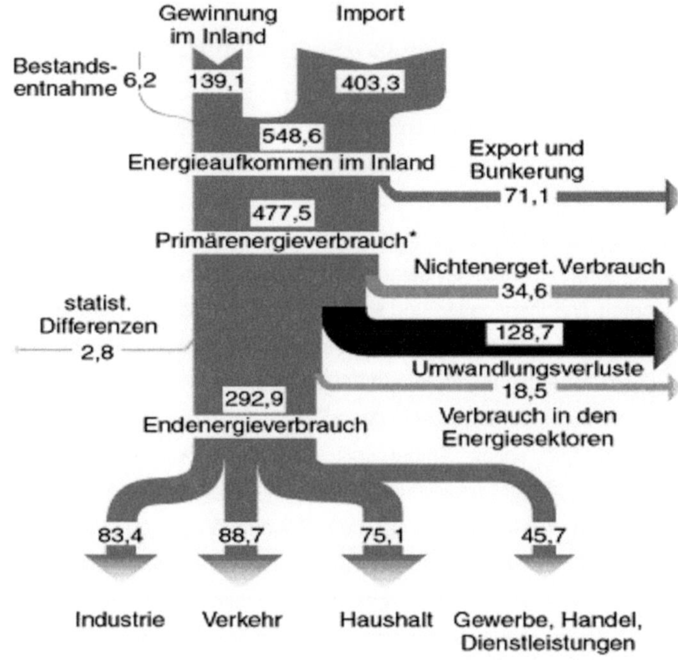

Abbildung 1-1 Energieflussdiagramm Deutschland 2007 [1]

In Abbildung 1-2 ist die Stromerzeugung nach Energieträgern im deutschen Kraftwerkspark für das Jahr 2007 und das Entwicklungsziel des Bundesumweltamtes für das Jahr 2020 dargestellt. Es ist zu erkennen, dass der größte Anteil an Umwandlung von Primärenergie in elektrische Energie auch weiterhin durch fossile Energieträger gedeckt wird. Da der absolute Anteil von fossilen Energieträgern am größten ist, ist damit das Einsparungspotential in diesem Bereich am größten. Die Umsetzung von in fossilen Energieträgern gespeicherter, chemischer Energie in thermische und letztlich elektrische, mechanische bzw. kinetische Energie wird jedoch nach wie vor fast ausschließlich durch Verbrennungssysteme wie Kesselfeuerungsanlagen, Verbrennungsmotoren, stationäre Gasturbinen, Fluggasturbinen oder Industrie- und Haushaltsfeuerungsanlagen gewährleistet. Abbildung 1-2 zeigt weiterhin, dass nach

Einschätzung der Bundesregierung Erdgas mittelfristig der (fossile) Energieträger zur Verstromung ist. Dessen in chemischer Form gespeicherte Energie wird zukünftig fast ausschließlich in gekoppelten Gas- und Dampfturbinenanlagen (GUD), also durch Verbrennung in stationären Gasturbinen in elektrische Energie umgewandelt. Somit ist die verbrennungstechnische Optimierung des stationären Gasturbinenprozesses sowohl zur Steigerung des Wirkungsgrades, der erzielten Leistung als auch der Minimierung von Schadstoffemissionen ein wichtiges Ziel der Forschung im Bereich Energietechnik zur Sicherung der zukünftigen Energiebereitstellung.

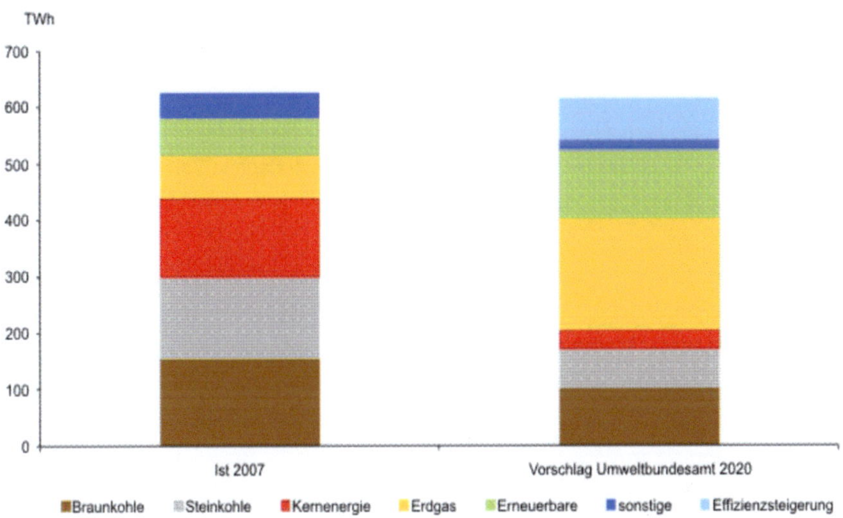

Abbildung 1-2 Stromerzeugung in Deutschland nach Energieträgern 2007 [2]

1.2 <u>Gasturbinenverbrennung unter realen Betriebsbedingungen</u>

Die Gasturbine ist im Vergleich zu ihrer Größe und ihrem Gewicht eine Arbeitsmaschine mit einer sehr hohen Leistung. Neben ihrer kompakten Bauart und dem niedrigen Gewicht ist vor allem die Brennstoffflexibilität moderner und zukünftiger Maschinen ein großer Vorteil. Heute gibt es Gasturbinen, die mit Erdgas, Dieselkraftstoff, Kerosin, Naphtha, Methan, Erdöl, mit so genannten niederkalorischen Gasen und verdampften Antriebsölen betrieben werden. Weitere Vorteile von Gasturbinenanlagen sind die relativ niedrigen Instandhaltungs- und Kapitalkosten, sowie die kurze Zeit zur Errichtung und Fertigstellung bis hin zum Volllastbetrieb. Der Nachteil des relativ geringen thermischen Wirkungsgrades lässt sich durch die Kombination mit weiteren Kraftwerkszyklen wie beispielsweise dem Dampfkraftwerk zum Gas- und Dampfkraftwerk (GuD) kompensieren [3].

Es gibt hierbei zwei wesentliche verfahrenstechnische Faktoren, die den idealisierten Gasturbinenprozess beeinflussen. Zum einen ist es die Turbineneintrittstemperatur, deren Erhöhung prinzipiell eine Erhöhung der abgegebenen Kreisprozessarbeit zur Folge hat. Zum zweiten ist es das Druckverhältnis über den Verdichter und damit bei atmosphärisch ansaugenden Maschinen de facto der Brennkammerdruck. Eine Erhöhung des Brennkammerdruckes erhöht prinzipiell den thermischen Wirkungsgrad, jedoch gibt es in realen Maschinen jeweils ein prozessabhängiges Optimum bezüglich der abgegebenen Arbeit. Die optimalen Druckverhältnisse werden von Boyce [3] mit 7:1 für den regenerativen Zyklus und 18:1 für den einfachen Zyklus bei Turbineneinlasstemperaturen von etwa 1100 °C angegeben.

Als Konsequenz der Verbrennungsforschung der letzten Dekaden zur Minimierung der Schadstoffemissionen – und hier vor allem der Stickoxidemissionen – beim Einsatz von fossilen Brennstoffen in der Kraftwerkstechnik hat sich die Mager-Vormischverbrennung gasförmiger (LP) und vorverdampfter (LPP) Brennstoffe in Gasturbinen als effektives Instrument erwiesen. Jedoch neigen Mager-Vormischflammen im Wirkungskreis Brenner – Flamme – Brennkammer zur Ausbildung periodischer Verbrennungsinstabilitäten, die sich in meist unerwünschten Druck- / Flammenschwingungen äußern. Das Auftreten solcher Verbrennungsschwingungen oder „thermoakustischer Phänomene" kann bisweilen zu vielfältigen und zum Teil verheerenden betriebstechnischen Problemen und Schäden wie Lärmbelästigung und Beeinträchtigung des Regel – und Lastbereichs, bis hin zur mechanischen Beschädigung und Zerstörung der Anlage führen. Somit ist es wichtig, die Neigung von Verbrennungssystemen zur Ausbildung von selbsterregten, periodischen Verbrennungsinstabilitäten in Abhängigkeit aller technisch relevanter Betriebsparameter (Brennkammergeometrie, Brennstoff, Brennkammerdruck, Turbinen- und Brennkammereintrittstemperatur, Luftzahl der Mischung, Brennergeometrie usw.) zu untersuchen [4, 5, 6, 7, 8, 9, 10, 11, 12, 113, 114] und zukünftig bereits im Auslegungsstadium vorhersagen zu können.

1.3   <u>Ziele und Vorgehensweise</u>

Ziel der vorliegenden Arbeit ist es daher, ein in der Literatur [12, 13, 14, 15, 20, 21, 22, 23, 24, 25] beschriebenes Flammen- / Schwingungsmodell bezüglich des Einflusses der besonders in der Gasturbinenverbrennung relevanten Parameter mittlerer Brennkammerdruck, eingesetzter Brennstoff und Brennkammergeometrie so weiterzuentwickeln, dass zukünftig die Schwingungsneigung von modernen Verbrennungssystemen schon während der Auslegungsphase vorhergesagt werden kann. Weiterhin werden Skalierungsgesetze für die genannten Parameter entwickelt, mit denen die „thermoakustische" Schwingungsneigung bestehender und neuer Anlagen an durch „down-scaling" leicht und kostengünstig zu handhabenden Pilotanlagen unter atmosphärischen Druckbedingungen und mit praktikabel zu verwendenden Brennstoffen untersucht werden kann.

Wie sich aus den einleitenden Worten zur Problemabgrenzung und thematischen Motivation zum Themenkreis „Vorhersage von periodischen Verbrennungsinstabilitäten bei Mager-Vormischverbrennung" ableiten lässt, werden im Weiteren zunächst die folgenden physikalischen Grundlagen diskutiert. Demnach werden die Themenbereiche Drehströmungen und Drallflammen, technische Schwingungssysteme und Grundlagen technischer Verbrennungsvorgänge thematisiert (Kapitel 2). Anschließend werden spezielle Vorarbeiten zum Phänomen selbsterregter, periodischer Verbrennungsinstabilitäten im Wirkungskreis Brenner- Flamme- Brennkammer vorgestellt (Kapitel 3). Abschließend wird die experimentelle und physikalisch analytische Bearbeitung der zuvor definierten Zielsetzungen beschrieben (Kapitel 4 und 5). Abgeschlossen wird die vorliegende Arbeit durch ein zusammenfassendes Fazit, in dem die erzielten Erkenntnisse sowie neue Lösungsansätze zusammengefasst und für nachfolgende Untersuchungen in diesem Themenbereich resümiert werden (Kapitel 6).

2 Allgemeine Grundlagen

Im nachfolgenden Abschnitt sollen die physikalischen Grundlagen zum Verständnis der Phänomenologie von selbsterregten Verbrennungsschwingungen diskutiert werden. Dies geschieht vor dem Hintergrund von Flammen unter realen Gasturbinenbedingungen, d.h. voll-turbulenter, vorgemischter, eingeschlossener, pilotierter Drallflammen unter erhöhtem Betriebsdruck [3, 4, 5, 9]. Dazu ist es nötig, sowohl die Charakterisierung von turbulenten Drehströmungen als auch von technischen Schwingungssystemen und verbrennungstechnischen Grundlagen vorzunehmen.

2.1 Turbulente Drehströmungen

2.1.1 Grundlagen drallbehafteter Strömungen

Zur weiteren Beschreibung von Drehströmungen ist es angebracht und üblich, den Geschwindigkeitsvektor des Strömungsfeldes in Zylinderkoordinaten durch Axial(u)-, Tangential(w)- und Radial(v)-Komponenten zu beschreiben. Hierbei ist die Rotation der Fluidelemente mit der Tangentialgeschwindigkeitskomponente w um eine für rotationssymmetrische Strömungen festgelegte Symmetrieachse charakteristisch. Davon ausgehend ist die lokale Zirkulation der Strömung Γ wie folgt zu definieren [26].

$$\Gamma = \frac{1}{2\pi} \oint_c \vec{c}\, d\vec{s}$$

Gleichung 2-1

Die Verteilung von w über die radiale Richtung r wird im Allgemeinen als Wirbelform bezeichnet. Hierbei gilt für ideale Starrkörperwirbel Gleichung 2-2.

$$w = K_1 r \quad ; \quad \Gamma = K_1 r^2$$

Gleichung 2-2

und für ideale Potentialwirbel Gleichung 2-3.

$$w = \frac{K_2}{r} \quad ; \quad \Gamma = K_2$$

Gleichung 2-3

Viele technisch relevante Wirbelverteilungen gleichen dem Rankinewirbel [26, 27], welcher im Bereich der Rotationsachse der Strömung als Starrkörper- und im Außenbereich als Potentialwirbel beschrieben werden kann (Abbildung 2-1).

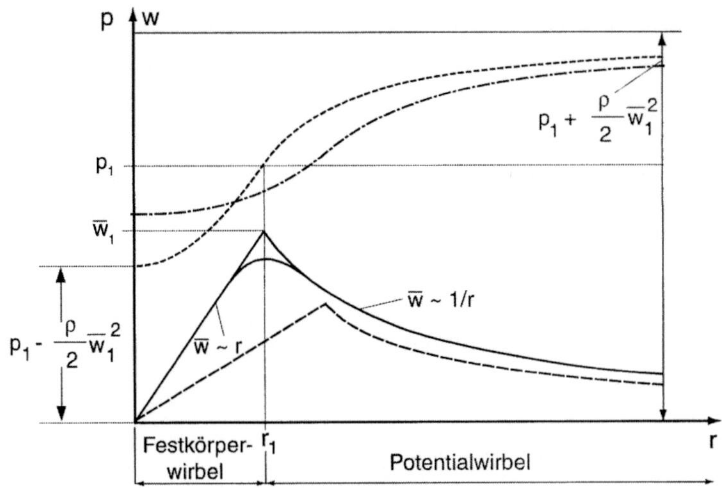

Abbildung 2-1 Tangentialgeschwindigkeits- und Druckverlauf in einem Rankinewirbel [42]

Dieses Verhalten des Rankinewirbels lässt sich formelmäßig durch die Zirkulation im Potentialwirbel Γ_0 für $r \rightarrow \infty$ und dem charakteristischen Radius r_i beschreiben.

$$\Gamma = \Gamma_0\,(1 - \exp(-(r/r_i)^2))\,K_1\,r^2 \qquad \text{Gleichung 2-4}$$

Es sei darauf hingewiesen, dass die Art der Drallerzeugung und die Geometrie des Drallerzeugers maßgeblich auf die Tangentialgeschwindigkeitsverteilung und die im Weiteren beschriebenen Effekte Einfluss nehmen [26, 28, 29, 30, 31, 32].

Zentrifugale Strömungskräfte bedingt durch die radiale und axiale Verteilung der tangentialen Geschwindigkeitskomponente induzieren radiale und axiale Druckverteilungen im Strömungsfeld, die mit zunehmendem Drehimpulsstrom bei gleichbleibendem Axialimpulsstrom, die in Abbildung 2-2 gezeigte Änderung des Axialgeschwindigkeitsfeldes, zur Folge haben.

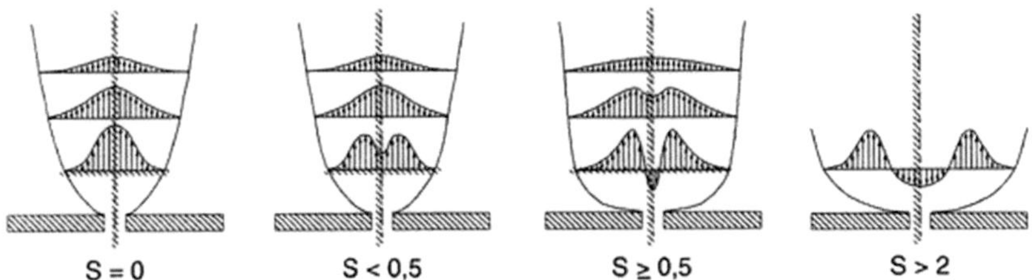

Abbildung 2-2 Radialprofil der mittleren Axialgeschwindigkeit in Abhängigkeit der Verdrallung [123]

Der sogenannten „Vortex-Breakdown" liegt vor, sobald eine Richtungsumkehr der Strömung auf der Symmetrieachse eintritt. Dies ist der Fall, wenn ein positiver axialer Druckgradient im Bereich der Symmetrieachse den Axialimpuls der Strömung kompensiert. Dieser positive Druckgradient entsteht auf der Strahlachse bei Drallströmungen durch die entsprechend der Masseeinsaugung am Strahlrand expandierende Strömung und aufgrund der Drehimpulserhaltung abnehmenden Tangentialgeschwindigkeit. Dies bewirkt eine Abnahme der Zentrifugalkraft und erhöht somit den Druck auf der Strahlachse, was wiederum zu einer Verzögerung der Axialgeschwindigkeit im Achsbereich führt. Die Drallintensität der Strömung, ab der es zur Rückströmung und somit zum „Vortex-Breakdown" kommt, wird durch die kritische Drallstärke oder Drallzahl S_{krit} beschrieben. Im Folgenden sollen die meist gebräuchlichen Formen der Drallzahl erläutert und definiert werden [26]. In der allgemeinen Form wird sie aus dem Verhältnis von Drehimpulsstrom zum Produkt aus Gesamtaxialimpulsstrom und der charakteristischen Länge R_0 gebildet (Gleichung 2-5):

$$S = \frac{\dot{D}}{\dot{I}_{ges}\, R_0}$$

Gleichung 2-5

mit

$$\dot{D} = 2\pi \int_0^\infty [\rho\,(\overline{uw} + \overline{u'w'})]\,r^2\,dr$$

Gleichung 2-6

$$\dot{I}_{ges} = \dot{I} + \overline{P} = 2\pi \int_0^\infty [(\overline{P} - P_\infty) + \rho\,(\overline{u}^2 + \overline{u'^2})]\,r\,dr$$

Gleichung 2-7

Als charakteristische Länge R_0 im Falle von Drehströmungen kann gemäß [125] der innere Radius der äußeren Brennerdüse, oder alternativ bei eingeschlossenen Drallströmungen auch der halbe Brennkammerdurchmesser herangezogen werden. Weiterhin ist es in den meisten Anwendungen vertretbar, die turbulenzbedingten Anteile zu vernachlässigen, was zur Definition der effektiven Drallzahl nach Gleichung 2-8 führt [26].

$$S_{eff} = \frac{\int_0^\infty [\rho\,\overline{uw}\,r^2]\,dr}{R_0 \int_0^\infty ([\overline{P}-P_\infty)+\rho\,\overline{u}^2]\,r\,dr} \qquad \text{Gleichung 2-8}$$

Aufgrund der Schwierigkeit der messtechnischen Erfassung der Einsatzgrößen in Abhängigkeit ihrer räumlichen Verteilung wird oftmals zu einer vereinfachten Betrachtung der Drallzahl übergegangen [33]

$$S_0 = \frac{\overline{D}}{R_0\,\overline{I}_0} \qquad \text{Gleichung 2-9}$$

Hierbei repräsentiert $\overline{I}_0$ gemäß Gleichung 2-10 den volumetrisch gemittelten Axialimpulsstrom am Brenneraustritt.

$$\overline{I}_0 = \frac{\overline{\dot{M}}_0^{\,2}}{\rho_0\,A_0} \qquad \text{Gleichung 2-10}$$

Eine weitere häufig getroffene Vereinfachung stellt die theoretische Drallzahl dar. Dabei wird gemäß Gleichung 2-11 der Drehimpuls $\overline{\dot{D}}_0$, unter Annahme von Reibungsfreiheit berechnet.

$$S_{0,th} = \frac{\overline{\dot{D}}_0}{\overline{I}_0\,R_0} \qquad \text{Gleichung 2-11}$$

Günther [33] stellt Berechnungsvorschriften für die theoretischen Drallzahlen unterschiedlicher, in technischen Verbrennungssystemen eingesetzter Drallerzeuger vor. Hier handelt sich vor allem um so genannte Axialschaufeldrallerzeuger mit zentraler Versperrung, tangential beschaufelte Drallerzeuger, Radialgitter wie im „Movable-block swirl generator" [28, 34] und Drallerzeuger mit rotierenden Einbauten.

In Strömungen mit überlagerter Verbrennung führt die Temperaturerhöhung zu einer Dichteabnahme beziehungsweise zu einer Expansion des Fluids mit einer Aufweitung des Flammenquerschnitts. Nach Schmid [35] führt diese Temperaturerhöhung zu keiner Veränderung des Drehimpulsstroms, durchaus aber zu einer Erhöhung des Axialimpulsstroms in der Flamme. Dies resultiert in einer Erniedrigung der Drallzahl S bzw. S_{eff}, führt jedoch nicht zu einer Veränderung der sich auf die Größen am Brenneraustritt beziehenden theoretischen Drallzahl $S_{0,th}$. Obwohl sie demnach nicht als universeller Ähnlichkeitsparameter geeignet ist [26, 33], wird in den meisten technischen Anwendungen die theoretische Drallzahl $S_{0,th}$ gemäß Gleichung 2-11 als Quantifizierungsgröße der Drallintensität herangezogen, weswegen dies auch in der vorliegenden Arbeit erfolgen soll. Die Abhängigkeit der mittleren effektiven Drallzahl von der Fluidtemperatur lässt sich wie folgt beschreiben, wobei mit T_{Mittel} die über die Querebene gemittelte Temperatur bezeichnet ist [26, 36].

$$\frac{\overline{S}_{eff,reakt}}{\overline{S}_{eff,isotherm}} = \frac{\overline{I}_{isotherm}}{\overline{I}_{reakt}} \approx \frac{\overline{T}_{isotherm}}{\overline{T}_{Mittel}} \qquad \text{Gleichung 2-12}$$

2.1.2 *Grundlagen turbulenter Strömungen*

Prinzipiell kann auf dem Gebiet der Klassifizierung von Strömungen zwischen zwei Strömungsformen mit wesentlich unterschiedlichen makroskopischen Eigenschaften unterschieden werden. Die eine Form – die Laminare – zeichnet sich durch eine in parallelen Schichten verlaufende Strömung aus, bei der, bis auf Molekülbewegungen (Diffusion) bedingt, keine Austauschvorgänge senkrecht zur Ausbreitungsrichtung stattfinden. Solange Zähigkeitskräfte die durch Trägheitskräfte induzierte Störungen der Strömung dämpfen, ist die laminare Strömung als stabil zu bezeichnen. Das Verhältnis von Trägheits- zu Zähigkeitskräften, beschrieben durch die Reynolds-Zahl Re, ist also hinreichend klein. Bei steigender Reynolds-Zahl können demnach Störungen nicht mehr in ausreichendem Maße gedämpft werden – die Strömung wird turbulent [37, 45].

Nach Rotta [38] und Zierep [37] ist die turbulente Strömung unregelmäßig, dreidimensional, instationär und wirbelbehaftet. Sie stellt also einen stochastischen Bewegungszustand dar. Zusätzlich zum diffusiven Austauschcharakter der laminaren Strömung kommt es zu Impuls-, Stoff- und Energieaustausch bedingt durch Makro-Wirbelbewegung. Demnach ist die turbulente Strömung an einem Ort unregelmäßigen Schwankungen des Druckes, der Geschwindigkeit, sowie in reagierenden Systemen der Temperatur und somit der Dichte, sowie der Spezieskonzentration unterworfen. Da diese Vorgänge in turbulenten reagierenden und isothermen Strömungen komplizierten Wechselwirkungen unterliegen, wurden u.a. von Reynolds [39] und Taylor [40] stochastische Methoden in die Theorie turbulenter Strömungen eingeführt. Demnach definiert Hinze [41] das Wesen von Turbulenz als „zufällige Veränderungen physikalischer Größen in Raum und Zeit, aber doch so, dass statistische Mittelwerte festgestellt werden können".

Nach Reynolds [39] kann jede Komponente eines Strömungsfeldes in eine mittlere Größe und eine stochastisch zeitvariable Schwankungsgröße zerlegt werden.

$$u(x,y,z,t) = \overline{u}(x,y,z) + u'(x,y,z,t)$$
Gleichung 2-13

Bei einer im Mittel stationären Strömung kann der Mittelwert wie folgt bestimmt werden.

$$\overline{u} = \lim_{\tau \to \infty} \frac{1}{\tau} \int_0^\tau u(x,y,z,t)\,dt$$
Gleichung 2-14

Demnach gilt für den mittleren Schwankungswert:

$$\overline{u}' = \lim_{\tau \to \infty} \frac{1}{\tau} \int_0^\tau u'(x,y,z,t)\,dt = 0$$
Gleichung 2-15

Die Wurzel des quadratischen Mittelwertes der Schwankungsgröße (rms = Root Mean Square – Wert) wird als Maß für die Amplitude der Schwankungsbewegung angegeben. Im Fall einer im zeitlichen Mittel stationären, turbulenten Strömung ergibt sich Gleichung 2-16.

$$u_{rms}(x,y,z) = \sqrt{\overline{u'^2}} = \sqrt{\lim_{\tau \to \infty} \frac{1}{\tau} \int_0^\tau u'^2(x,y,z,t)\,dt}$$
Gleichung 2-16

Dabei ist $k = 1/2\,(\overline{u'^2} + \overline{v'^2} + \overline{w'^2})$ die massebezogene kinetische Energie der turbulenten Schwankungsbewegung. Mit den in den drei kartesischen Raumrichtungen mittleren Schwankungsgeschwindigkeitsquadraten lässt sich in allgemeiner Form der Turbulenzgrad Tu definieren:

$$Tu = \frac{\sqrt{\frac{1}{3}\left(\overline{u'^2} + \overline{v'^2} + \overline{w'^2}\right)}}{\overline{u}} \qquad \text{Gleichung 2-17}$$

Diese Definitionen gelten für im zeitlichen Mittel stationäre Strömungen, demnach also auch für periodische, im zeitlichen Mittel jedoch stationäre Strömungen.

Büchner [12] erweitert die zuvor beschriebenen stochastischen Überlegungen für eine der turbulenten Strömung zusätzlich überlagerte zeit-periodische Schwankung des Geschwindigkeitsfeldes.

Demnach gilt für die Geschwindigkeit

$$u(x,y,z,t) = \overline{u}(x,y,z) + u'(x,y,z,t) + \tilde{u}(x,y,z,t) \qquad \text{Gleichung 2-18}$$

Für den Fall, dass der zeit-periodische Schwankungsanteil sehr viel größer als der stochastisch turbulente Anteil ist, kann der Pulsationsgrad Pu analog zum Turbulenzgrad Tu definiert werden [12].

$$Pu = \frac{\sqrt{\overline{(\tilde{u}(t) + u'(t))^2}}}{\overline{u}} = \frac{u_{rms}}{\overline{u}} \quad ; \quad \hat{\tilde{u}} \gg \hat{u}' \qquad \text{Gleichung 2-19}$$

Es lässt sich zeigen, dass in hochturbulenten Strömungen Fluktuationen der Geschwindigkeiten stattfinden, die sich sehr unterschiedlichen Längen- und damit Zeitmaßen zuordnen lassen [42]. Man spricht von turbulenten Wirbelstrukturen unterschiedlicher Längenmaße.

Hinze [41] zeigt eine idealisierte Verteilung der Energie der Schwankungsbewegung $E(\kappa)$ in Abhängigkeit von der Wellenzahl κ (Abbildung 2-3). Dabei ist κ in Abhängigkeit von der Wirbelgröße l, definiert als:

$$\kappa = \frac{2\pi}{l} \qquad \text{Gleichung 2-20}$$

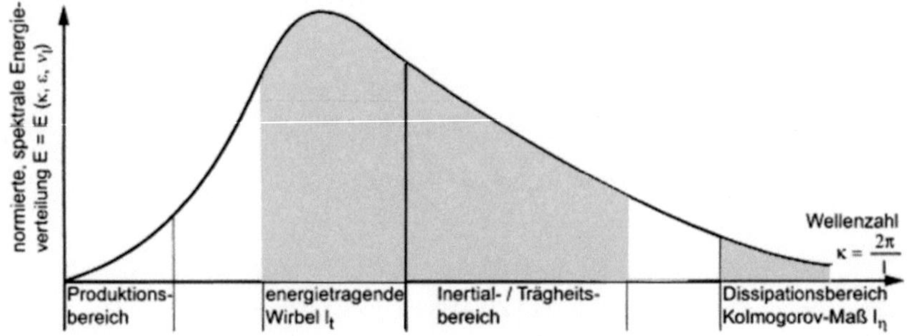

Abbildung 2-3 Energiespektrum der Turbulenz nach [42]

Nach Townsend [43] sind ungefähr 80% der Turbulenzenergie in den relativ großen, wenn auch nicht größten Wirbelstrukturen enthalten. In diesem Bereich und dem sich anschließenden Trägheitsbereich können solche Turbulenzelemente in guter Näherung als isotrop, also richtungsunabhängig gelten. Hieraus lässt sich zum einen ableiten, dass hauptsächlich die großskaligen Interaktionen für den Austausch von Impuls und skalaren Größen verantwortlich sind. Dabei ist die Größe der großen, energietragenden Bewegungen (Makro-Längenmaß L_t) durch die äußeren Abmessungen der Strömung beschränkt und zu dieser proportional. Diese Makro-Wirbel sind gemäß Hinze [41] mit steigender turbulenter Reynoldszahl Re_t (Gleichung 2-21) immer weniger dem Einfluss der Fluidviskosität ν unterworfen. Zum anderen lässt sich schlussfolgern, dass die viskose Dissipation der turbulenten Schwankungsbewegungen mit steigender Turbulenz-Reynoldszahl praktisch ausschließlich in immer kleinerskaligen Scherbewegungen stattfindet.

Die turbulente Reynoldszahl ist hierbei definiert als

$$Re_t = \frac{u' L_t}{\nu}$$

Gleichung 2-21

Während also das Makro-Längenmaß L_t zu den äußeren Systemabmessungen proportional ist [44], wird das Längenmaß der kleinsten in der sogenannten Wirbelkaskade auftretenden Wirbelklasse l_k (Kolmogorov-Wirbel) von der Dissipationsrate ε und der kinematischen Viskosität ν festgelegt.

$$l_k \sim \left(\frac{\nu^3}{\varepsilon}\right)^{1/4}$$

Gleichung 2-22

14

Unter der Annahme isotroper Turbulenz gilt innerhalb des Trägheitsbereiches für Elemente des Längenmaßes L

$$\frac{u'_L}{L} \sim \frac{u'^3}{L_t} \sim \varepsilon \cong \text{konst.}$$

Gleichung 2-23

Aus der Verknüpfung von Gleichung 2-22 und Gleichung 2-23 ergibt sich ein Zusammenhang zwischen Kolmogorov- und Makro-Längenmaß gemäß Gleichung 2-24.

$$\frac{l_k}{L_t} \sim \left(\frac{\nu^3}{u'^3 L_t^3}\right)^{1/4} \sim Re_t^{-3/4}$$

Gleichung 2-24

Man sieht, dass mit zunehmender turbulenter Reynoldszahl, das Verhältnis der beiden Längenmaße abnimmt. Das bedeutet, die Turbulenzkaskade breitet sich zu zunehmend kleineren Wirbelgrößen aus [45]. Man spricht für große turbulente Reynoldszahlen daher von voll ausgebildeter Turbulenz [42].

2.2 <u>Klassifizierung technischer Schwingungssysteme</u>

Schwingungen sind per Definition [46] regelmäßig erfolgende, zeitliche Schwankungen von Zustandsgrößen des Schwingungssystems. Im Folgenden werden Klassifizierungen von Schwingungssystemen nach Magnus und Popp [46] vorgenommen. Eine besondere Rolle spielen hierbei Vorgänge, bei denen sich eine solche Zustandsgröße, hier beispielhaft x = x(t) zeitperiodisch ändert. Für sie gilt:

$$x(t) = x(t+T)$$

Gleichung 2-25

Hierin sei T ein fester Zeitwert, der als Periode, Schwingungsdauer oder Schwingungszeit bezeichnet wird. Es wird klar, dass die Zustandsgröße x zu je zwei Zeitpunkten, die um den Betrag T auseinander liegen, den gleichen Wert annimmt. Der Reziprokwert der Periode T ist die Frequenz der Schwingung, also die Zahl der Schwingungen in einer Sekunde. Ihre Einheit ist Hertz (Hz). Für die rechnerische Behandlung von Schwingungen wird neben der Frequenz f auch die Kreisfrequenz ω, also die Zahl der Schwingungen in 2π Sekunden verstanden. Demnach gilt:

$$\omega = 2\pi f = \frac{2\pi}{T} \qquad\qquad \text{Gleichung 2-26}$$

Als harmonisch bezeichnet man die Schwingung, wenn der Zeitverlauf der Zustandsgröße als Sinus- oder Kosinus- Funktion beschrieben werden kann. Für die Sinusschwingung gilt

$$x(t) = \bar{x} + \hat{x}\sin(\omega t) \qquad\qquad \text{Gleichung 2-27}$$

Die Bewegungsdifferenzialgleichung in der allgemeinen Form für ein lineares mechanisches Feder-Masse-Dämpfer-Schwingungssystem lautet daher in Abhängigkeit der Masse-, Dämpfungs- und Federglieder m, d und c mit Fremdanregung durch die äußere, zeitabhängige Kraft f:

$$m(t)\ddot{x} + d(t)\dot{x} + c(t)x = f(t) \qquad\qquad \text{Gleichung 2-28}$$

Eine übliche Form der Klassifikation von technischen Schwingungen ist zudem die Einteilung nach dem jeweiligen Mechanismus der Anregung und Aufrechterhaltung. Hierbei wird im Allgemeinen unterschieden zwischen

- *freien Schwingungen*
- *selbsterregten Schwingungen*
- *parametererregten Schwingungen*
- *erzwungenen Schwingungen*
- *Koppelschwingungen*

Dabei kann es zwischen den genannten Schwingungstypen zu natürlichen Überlagerungen und Kombinationen kommen [46].

<u>Freie Schwingungen</u>

Freie Schwingungen sind Bewegungen eines nach einmaliger Anregung sich selbst überlassenen Schwingers, wobei ein ständiger, periodischer Übergang zwischen potentieller Energie und kinetischer Energie stattfindet. Ist die Schwingung ungedämpft, d.h. dissipiert keine Energie im Schwingungszyklus z.B. durch Reibung, so bezeichnet man die Schwingung als konservativ. Für einen real gedämpften Schwinger in der allgemeinen Form gilt:

$$\ddot{x} + g\dot{x} + f(x) = 0 \qquad\qquad \text{Gleichung 2-29}$$

Selbsterregte Schwingungen

Selbsterregte Schwingungen sind freie Schwingungen einer besonderen Art. Sie unterscheiden sich bezüglich ihres Entstehungsmechanismus und der Art der Aufrechterhaltung der Schwingung insofern, dass hier das Vorhandensein einer systemimmanenten Energiequelle vorliegt, aus welcher Verluste der Dämpfung ausgeglichen werden können. Das heißt, die Energiezufuhr geschieht nicht willkürlich oder zufällig phasenrichtig, sondern über einen vom Schwinger selbst betätigten Steuermechanismus. Nach Magnus und Popp [46] sowie nach Büchner [12, 13] ist daher das wesentliche Kennzeichen einer selbsterregten und durch systemeigene Energiezufuhr selbsterhaltenden Schwingung, ein Rückkopplungskreis vom Schwinger über einen sogenannten Schalter oder Speicher hin zur Energiequelle des Systems.

Es werden die folgenden drei Fälle von selbsterregten Schwingungen unterschieden. Ist die systemeigene Energiezufuhr kleiner als die durch Dämpfung dem System entzogene, so spricht man von einer *abklingend, gedämpften Schwingung*. Stellt sich ein Gleichgewicht zwischen Energiezu- und Abfuhr ein, so liegt eine *gedämpftes, selbsterhaltendes, selbsterregendes* Schwingungssystem vor. Im dritten Fall ist die zugeführte Energie größer als der durch Dämpfung dem System entzogene Wert – man spricht von einem *sich anfachenden* System.

Die Bewegungsgleichung einer selbsterregten Schwingung in der allgemeinen Form ist [46, 47, 48, 49]:

$$f(x, \dot{x}, \ddot{x}) = 0 \qquad \text{Gleichung 2-30}$$

Parametererregte Schwingungen

Kennzeichnend für *parametererregte Schwingungen* ist, dass sich die Systemanregung nicht weiter auswirkt, wenn sich der Schwinger in seiner Gleichgewichtslage befindet. Unter bestimmten Bedingungen, insbesondere bei gewissen Verhältnissen der Eigenfrequenz zur Erregerfrequenz, kann das System instabil werden, sodass eine beliebig kleine Störung die Aufschaukelung parametererregter Schwingungen auslösen kann. Die Notwendigkeit des Vorhandenseins einer Störung bildet den wesentlichen Unterschied zu den im Weiteren beschriebenen *erzwungenen Schwingungen*. Die Differentialgleichung für einen parametererregten linearen Schwinger mit einem Freiheitsgrad und zeitabhängigen Parametern kann in der Form

$$\ddot{x} + p_1(t)\,\dot{x} + p_2(t)\,x = 0 \qquad\qquad \text{Gleichung 2-31}$$

dargestellt werden. Dabei ist der in technischen Anwendungen die Grenze zu *selbsterregten* Schwingungen oft fließend.

<u>Erzwungene Schwingungen</u>

Das Hauptcharakteristikum für eine *erzwungene Schwingung* ist eine äußere Erregung, durch die das Zeitgesetz der Bewegung des Schwingers bestimmt wird. Die erzwungene Schwingung ist im Gegensatz zur selbst- oder parametererregten Schwingung *fremderregt*, da die äußeren, erregenden Kräfte auch dann wirksam sind, wenn sich der Schwinger nicht bewegt. Somit muss es in der Bewegungsgleichung eines solchen Schwingers immer ein zeitabhängiges Erregerglied f(t) geben, das von der schwingenden Zustandsgröße x unabhängig ist. Die allgemeine Bewegungsgleichung eines linearen, fremderregten Systems lautet:

$$m\ddot{x} + d\dot{x} + c\,x = f(t) \qquad\qquad \text{Gleichung 2-32}$$

Für den Fall eines mechanischen, linearen Feder-Masse-Dämpfer-Schwingers mit harmonischer Erregerfunktion, realisiert durch einen harmonisch bewegten Aufhängepunkt der Feder (Abbildung 2-4), leitet Magnus und Popp [46] die Bewegungsdifferenzialgleichung wie folgt her. Der Aufhängepunkt der Feder sei dabei bewegt nach:

$$x_A = x_0 \sin(\omega t) \qquad\qquad \text{Gleichung 2-33}$$

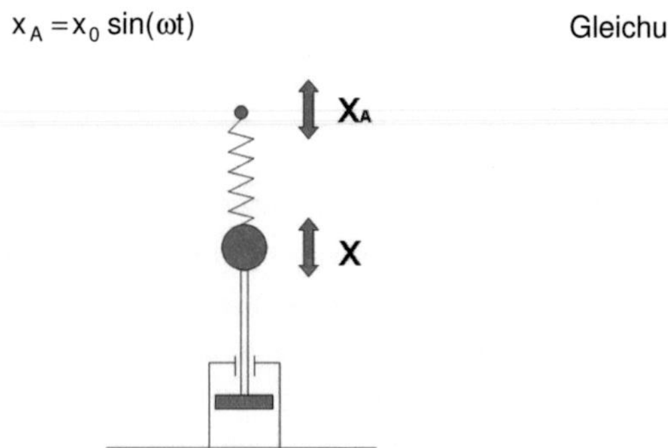

Abbildung 2-4 Mechanisches, lineares Feder- Masse- Dämpfer- System [46]

Somit kann mit die Bewegungsdifferenzialgleichung nach der Herleitung von Magnus und Popp [46] wie folgt beschrieben werden.

$$x'' + 2Dx' + x = x_0 \sin(\eta\tau)$$

$$\text{mit: } c/m = \omega_0^2, \ \tau = \omega_0\, t, \ D = d/2m\omega_0 = d/(2(c\,m)^{0,5}),$$

$$\eta = \omega/\omega_0, \ x'\omega_0 = \dot{x}, \ x''\omega_0^2 = \ddot{x}$$

Gleichung 2-34

Hieraus lassen sich der Phasenwinkel φ und die Vergrößerungsfunktion A des Schwingers ableiten. Dabei repräsentiert der Phasenwinkel den Phasenverzug, mit dem die harmonische Schwingung der Erregung des Systems nacheilt. Die Vergrößerungsfunktion beschreibt das Verhältnis, mit dem sich die Schwingungsamplitude x gegenüber der Erregeramplitude x_0 vergrößert. Daher gilt [13, 46]:

$$\varphi = -\arctan\left(\frac{2D\eta}{1-\eta^2}\right)$$

Gleichung 2-35

$$A(\omega) = \frac{1}{\sqrt{(1-\eta^2)^2 + 4D^2\eta^2}}$$

Gleichung 2-36

Die maximale Amplitude des Schwingers tritt dabei bei

$$A_{max}\,(\eta = \eta_{max}) = \frac{1}{2D\sqrt{1-D^2}} \ ; \ \eta_{max} = \sqrt{1-2D^2}$$

Gleichung 2-37

auf [13, 46]. Typische Verläufe der Phasendifferenzwinkel und das Amplitudenverhältnis zwischen Systemanregung-/ und Antwort sind in Abbildung 2-5 gezeigt und entsprechen dem Übertragungsverhalten eines Verzögerungsgliedes 2. Ordnung (VZ2-Glied).

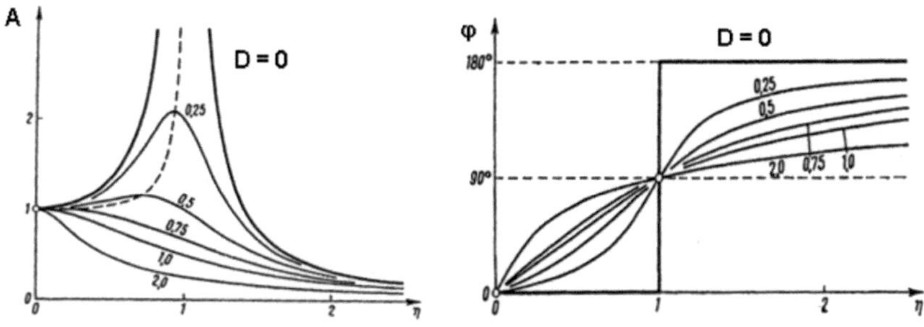

Abbildung 2-5 Dämpfungsabhängiger Amplituden (links)- und Phasenfrequenzgang (rechts) eines VZ2-Gliedes [46]

Koppelschwingungen

Es sei abschließend darauf hingewiesen, dass auch Schwinger mit mehreren Frei-
heitsgraden existieren. Sie können auf unterschiedliche Weise angeregt werden und
ihre periodischen Bewegungen können sich sowohl in Frequenz als auch Amplitude
unterscheiden. Wenn sich diese Schwingungsformen eines Schwingers gegenseitig
beeinflussen spricht man von einem *gekoppelten System*. Je stärker die Kopplung
ist, desto größer kann die Abweichung von den bisher besprochenen Schwingungsformen sein. Dies gilt sowohl für mechanische Schwinger als auch für Schwingungen
in elektrischen Systemen oder Gassäulen. Im Weiteren werden in dieser Arbeit ge-
koppelte Schwingungssysteme nicht näher betrachtet, jedoch sei hierzu auf diverse
Publikationen hingewiesen [13, 17, 19].

2.3 Grundlagen technischer Verbrennung

2.3.1 Feuerungstechnische Kenngrößen

Die für Betreiber verbrennungstechnischer Anlagen und auch für die vorliegenden
Untersuchungen wesentlichen feuerungstechnischen Kenngrößen sind die mittlere
thermische Leistung $\overline{Q}_{th}$, die Luftzahl der Vormischung λ_{Misch} und die Verbrennungstemperatur T_{Verbr} .

Durch die Verbrennung wird die im Brennstoff ursprünglich chemisch gebundene
Energie freigesetzt und als Wärme in den Produkten der Verbrennungsreaktion ge-
speichert. Die bei der Verbrennung frei werdende Reaktionsenthalpie wird als Heizwert bezeichnet und kann aus den Standardbildungsenthalpien von an der Verbrennungsreaktion beteiligten Produkten und Edukten $\Delta_{B,i}h^0_{298}$ (1013 mbar, 25 °C) berechnet werden [53]. Bis auf den Bereich der Brennwerttechnik werden technische
Verbrennungssysteme so ausgelegt, dass das bei der Reaktion entstehende und im
Abgas enthaltene Wasser innerhalb des Verbrennungssystems gasförmig vorliegt
und nicht auskondensiert. Somit ist es bis auf genannte Ausnahme angebracht, für
Verbrennungsrechnungen den unteren Heizwert H_u heranzuziehen, da dieser die
gesamte Reaktionsenthalpie abzüglich der Verdampfungsenthalpie des Reaktions-
wassers berücksichtigt. Hierdurch ergibt sich die mittlere thermische Leistung

$\dot{\overline{Q}}_{th}$ mit dem eingesetzten und vollständig umgesetzten Brennstoffmassestrom(gemisch) gemäß Gleichung 2-38 mit dem Masseanteil X_i der einzelnen Brennstoffkomponenten zu

$$\dot{\overline{Q}}_{th} = \dot{\overline{m}}_{Brst} \cdot H_{u,Misch} = \dot{\overline{m}}_{Brst} \cdot \sum_i H_{u,i} \cdot X_i \qquad \text{Gleichung 2-38}$$

Die Luftzahl der Vormischung ist gemäß Gleichung 2-39 definiert als das Verhältnis aus tatsächlichem spezifischem Luftangebot l und dem für eine stöchiometrische Verbrennung notwendige Mindestluftbedarf l_{min}.

$$\lambda_{Misch} = \frac{\text{Luftbedarf}}{\text{Luftbedarf}_{min}\,(\text{stöchiom.})} = \frac{l}{l_{min}} = \frac{\dot{V}_{n,Luft}}{\dot{V}_{n,Brst} \cdot l_{min}} \qquad \text{Gleichung 2-39}$$

Unter der Annahme eines isobaren Verbrennungsverlaufes in einem adiabaten System, einer vollständigen Verbrennung und des Ausschlusses von „Dissoziationsreaktionen" ist es möglich die kalorimetrische Verbrennungstemperatur T_{kal} zu berechnen [53].

$$T_{Kal} = 273\,\text{K} + \frac{h_{Brst} + h_{Luft} + H_u}{v \cdot \overline{c}_{p,Rg}\big|_{273K}^{T_{Kal}}} \qquad \text{Gleichung 2-40}$$

Da sich die mittlere spezifische Wärmekapazität der Abgase $\overline{c}_{p,Rg}$ aus den mittleren spezifischen Wärmekapazitäten der Verbrennungsprodukte zwischen 0 °C und der gesuchten kalorimetrischen Verbrennungstemperatur zusammensetzt, muss diese jedoch gemäß Gleichung 2-40 iterativ korrigiert werden. Weiterhin bewirken Reaktionstemperaturen oberhalb von 2000 K die Bildung von instabilen, reaktiven Spezies in endothermen Dissoziationsreaktionen, was eine Verringerung der tatsächlichen adiabaten Verbrennungstemperatur verursacht. Diese wird als theoretische Verbrennungstemperatur T_{theo} bezeichnet. Technische Verbrennungssysteme weisen stets Wärmeverluste auf, weshalb die realen, mittleren Verbrennungstemperaturen in der Regel deutlich unter den Bilanztemperaturen T_{kal} und T_{theo} liegen.
Eine Erhöhung der Verbrennungstemperatur kann beispielsweise durch die Anreicherung der Verbrennungsluft mit Sauerstoff erreicht werden, wodurch sich l_{min} verringert und weniger „Ballaststrom" in Form von Stickstoff aufzuheizen ist. Weiterhin erhöht sich die Verbrennungstemperatur durch Vorwärmung der Eduktströme. Eine Verringerung der Verbrennungstemperatur ist beispielsweise durch die Erhöhung der Gemischluftzahl möglich.

2.3.2 *Laminare Brenngeschwindigkeit*

In der Literatur bieten sich einige Formulierungen zur Definition der Brenngeschwindigkeit an, die sich gegenseitig ergänzen und, je nach Anwendungsfall, eine anschauliche Erklärung für die zu beschreibenden Vorgänge liefern.

Günther [54] bezeichnet allgemein eine Flammengeschwindigkeit als diejenige Geschwindigkeit, mit der sich die Flammenfront in einem (ruhenden) Brennstoff- Luft-Gemisch fortpflanzt. Peters [55, 56] definiert einen stationären Zustand, bei dem lokal die zur Flammenfront normale Komponente der Anströmgeschwindigkeit des Frischgemisches gleich der Ausbreitungsgeschwindigkeit der Flammenfront. Gemäß H.P. Schmid [57] läuft eine endlich dicke Reaktionsfront durch den Reaktionsraum, sobald ein ruhendes, zündfähiges Brennstoff-Luft-Gemisch durch eine lokale Zündquelle zur Reaktion gebracht wird. Diese Ausbreitungsgeschwindigkeit setzt sich aus der Geschwindigkeit des noch unverbrannten Strömungsmediums und einer Eigengeschwindigkeit der Reaktionsfront, der Brenngeschwindigkeit, relativ zum Frischgasgemisch, zusammen.

Allen Anschauungen gemein ist, dass, für ein laminares Strömungsfeld, die dann als laminare Brenngeschwindigkeit Λ_{lam} bezeichnete Eigengeschwindigkeit der Flammenfront durch molekulare Transportprozesse und chemische Reaktionen bestimmt wird. Demnach hängt die Brenngeschwindigkeit im laminaren Fall von Größenskalen auf molekularer Ebene, wie der mittleren freien Weglänge l, der mittleren Molekülgeschwindigkeit $\bar{c}$ und den Zeitskalen τ_c^i der an der Reaktion beteiligten Elementarreaktionen, ab.

$$\Lambda_{lam} \sim f(l, \bar{c}, \tau_c^i) \qquad\qquad \text{Gleichung 2-41}$$

Die laminare Brenngeschwindigkeit stellt sich also so ein, dass sich molekulare Transportprozesse und Reaktionsfortschritt ausgleichen. H.P. Schmid [57] reduziert Gleichung 2-41 auf den Einfluss des Brennstoffes, der Luftzahl, des Druckes und der Temperatur des Brennstoff-Luft-Gemisches.

$$\Lambda_{lam} \sim f(\text{Brennstoff, Luftzahl}\,\lambda,\ \text{Druck}\,p,\ \text{Temperatur}\,T_{Misch}) \qquad \text{Gleichung 2-42}$$

2.3.3 *Turbulente Brenngeschwindigkeit*

Der Unterschied von turbulenten und laminaren Vormischflammen besteht darin, dass im turbulenten Fall Lage und Gestalt der Flammenfront im Raum zeitlichen Schwankungen entsprechend den turbulenten Schwankungen der Strömungsgeschwindigkeit unterliegen. Die Reaktionszone definiert sich als Bereich innerhalb dessen, zu irgendeinem Zeitpunkt, Reaktionen mittels optischer Messverfahren beobachtet werden können. Weiterhin lässt sich hieraus eine mittlere oder Haupt- Reaktionszone bestimmen [12]. Gemische weisen eine turbulente Brenngeschwindigkeit auf, die ein Mehrfaches ihrer Laminaren beträgt, was gemäß Günther [54] auf die durch die Turbulenz bewirkte Vergrößerung der Reaktionsfläche der Flamme und den turbulenzbedingten verstärkten Austausch von Wärme und reaktiven Spezies zurückzuführen ist. Hervorgehoben seien an dieser Stelle die Arbeiten von Damköhler [58], der als erster den Einfluss von Turbulenz auf die Brenngeschwindigkeit beschrieb, Andrews et.al. [62, 63], der eine geschlossene Formulierung der Brenngeschwindigkeit hochturbulenter Vormischflammen anbietet und Borghi [61], dessen Arbeiten in einem Diagramm zur Klassifizierung verschiedener Flammenstrukturen mündeten. H.P. Schmid [57] gibt einen umfassenden Literaturüberblick über theoretische Arbeiten [58, 59, 60, 61, 62, 63, 66] zur Interaktion zwischen Turbulenzstruktur und Flammenfront und deren Einfluss auf die turbulente Brenngeschwindigkeit.

In Abbildung 2-6 ist das sogenannte Borghi - Diagramm dargestellt, worin - qualitativ - die turbulente Schwankungsgeschwindigkeit u' , entdimensioniert mit der laminaren Flammengeschwindigkeit Λ_{lam} über dem turbulenten Makrolängenmaß L_t , entdimensioniert mit der laminaren Flammenfrontdicke δ_l , aufgetragen ist.

Der ungefähre Bereich hochturbulenter Drallflammen für die Anwendung in (Flug-) Gasturbinen ist in Abbildung 2-6 grau gekennzeichnet und kann zum größten Teil dem Regime des homogenen Reaktors und zum weitaus kleineren Teil dem Bereich der verdickten Flammenfront zugeordnet werden [42].

H.P. Schmid [57] greift die Theorie, dass turbulente Wirbelstrukturen die Flammenfront je nach Regime wellen, falten, zerreißen oder komplett auflösen können, auf. Er erweitert die in Gleichung 2-41 postulierte Proportionalität der laminaren Brenngeschwindigkeit für den turbulenten Fall um die Zeit- und Längenmaße τ_t und L_t der in der turbulenten Frischgasströmung auftretenden Wirbel.

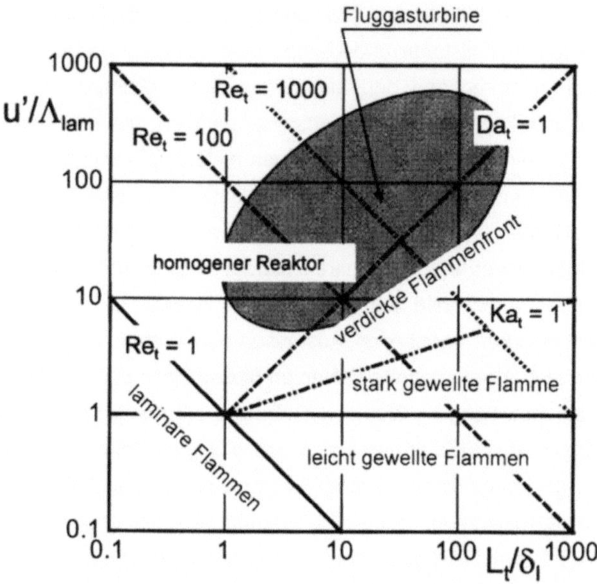

Abbildung 2-6 Flammenstrukturdiagramm nach Borghi [61] mit Einordnung typischer turbulenter Drallflammen [42]

$$\Lambda_{turb} \sim f(l, \overline{c}, \tau_c^i, \tau_t^i, L_t^i, \varepsilon)$$

Gleichung 2-43

Und vereinfacht diese Abhängigkeit zu

$$\Lambda_{turb} \sim f(\nu, \tau_c, \tau_t, u' \cdot L_t)$$

Gleichung 2-44

Durch Einführung der turbulenten Damköhlerzahl $Da_t = \tau_t / \tau_c$ lässt sich somit allgemein formulieren:

$$\Lambda_{turb} \sim f(\Lambda_{lam}, Da_t, Re_t)$$

Gleichung 2-45

Es gelingt ihm, eine Korrelation (Gleichung 2-46) für alle Flammenregime aufzustellen und anhand vorliegender experimenteller Daten [64, 65] zu bestätigen.

$$\frac{\Lambda_{turb}}{\Lambda_{lam}} = 1 + Re_t^{1/2} \cdot (1 + Da_t^2)^{-1/4}$$

Gleichung 2-46

Für den Fall großer turbulenter Reynoldszahlen $Re_t \gg 1$ und im Vergleich zur Turbulenz „langsamer Chemie" ($Da_t < 1$) vereinfacht er Gleichung 2-46 zu

$$\frac{\Lambda_{turb}}{\Lambda_{lam}} = 1 + Re_t^{1/2} \approx Re_t^{1/2}$$

Gleichung 2-47

Eine „langsame Chemie" bedeutet hier gemäß $Da_t = \tau_t / \tau_c$, dass das chemische Zeitmaß wesentlich größer als das turbulente Makrozeitmaß und damit auch größer als alle Turbulenzzeitmaße in der Turbulenzkaskade ist. Damit können alle Wirbel zum Wärme- und Stoffaustausch in der Flamme beitragen. Die Flamme entspricht also dem Regime des homogenen Reaktors gemäß Abbildung 2-6. Dieser Ansatz wird durch die Formulierung der turbulenten Brenngeschwindigkeit hochturbulenter Vormischflammen durch Andrews et.al. [62, 63] gestützt (Gleichung 2-48).

$$\frac{\Lambda_{turb}}{\Lambda_{lam}} = 1 + Re_t^{m} \; ; \quad m < 1$$

Gleichung 2-48

Es sei an dieser Stelle darauf hingewiesen, dass in der Literatur viele weitere Flammenmodelle vorgestellt werden [56, 59, 60, 64, 65, 66, 68, 69, 70], welche die turbulente Brenngeschwindigkeit für einzelne Regime und Anwendungsfälle beschreiben. Dabei zeigen sich einige Unterschiede in der Art der Bestimmung und der Anlagenabhängigkeit der turbulenten Brenngeschwindigkeit. In der praktischen Auslegung von technischen Verbrennungssystemen ist das jeweilige Flammenregime zudem nicht immer zweifelsfrei und exakt zu identifizieren. Weiterhin besteht die Möglichkeit des betriebspunktabhängigen Regimewechsels während des Betriebs. Daher erscheint es nachfolgend als praktikabel die in Gleichung 2-46, Gleichung 2-47 und Gleichung 2-48 beschriebenen, hinreichend genauen Korrelationen zu berücksichtigen.

2.3.4 *Einfluss der Betriebsparameter auf die Brenngeschwindigkeit von Vormischflammen*

Zur Beschreibung des Einflusses betriebsrelevanter Parameter, wie z.B. dem mittleren Brennkammerdruck und der Gemischtemperatur, auf die laminare Brenngeschwindigkeit von Vormischflammen, greifen Lauer und Leuckel [71, 72] auf die in Gleichung 2-41 und Gleichung 2-42 beschriebene Formulierungen zurück, wonach die laminare Brenngeschwindigkeit von Größenskalen auf molekularer Ebene abhängt. Demnach gilt hierfür die in Gleichung 2-49 beschriebene Proportionalität [69, 73, 74]

$$\Lambda_{lam} \sim p^{n} \cdot T^{m} \; ; \; n=-0,5 \, ; m=2 \qquad\qquad \text{Gleichung 2-49}$$

Lauer und Leuckel [71, 72] weisen diesen Ansatz experimentell für vorgemischte Methanflammen und $CO/N_2/H_2$-Flammen in guter Übereinstimmung nach und begründen die Druckabhängigkeit der laminaren Brenngeschwindigkeit mit der Zunahme von Rekombinationsreaktionen unter erhöhtem Betriebsdruck. Die postulierte Temperaturabhängigkeit ist durch die Abhängigkeit nach Arrhenius zu begründen, wonach die Reaktionsgeschwindigkeit exothermer Reaktionen für erhöhte Temperaturen zunimmt [122]. Sie kommen weiterhin zu dem Schluss, dass die Exponenten n und m (Gleichung 2-49) nicht prinzipiell konstant sind, sondern selbst Temperatur -, Druck- und Luftzahl-Abhängigkeiten aufweisen. Jedoch sei für den Luftzahlbereich zwischen $\lambda_{Misch} = 1{,}2 - 1{,}8$ die Annahme konstanter Exponenten ($n = -1/2$ und $m = 2$) hinreichend genau [71, 72].

Gemäß den Arbeiten von Lohrmann und Büchner [13, 20, 22, 23] führt der Vergleich von experimentellen Ergebnissen [64] mit analytischen Rechnungen [75, 76] zu der in Gleichung 2-50 dargestellten Funktion der laminaren Brenngeschwindigkeit von der Gemischluftzahl.

$$\Lambda_{lam} \sim \lambda_{Misch}^{-3,33} \; ; \; \text{mit} \; 1{,}3 \leq \lambda_{Misch} \leq 1{,}8 \qquad\qquad \text{Gleichung 2-50}$$

Die laminaren Brenngeschwindigkeiten von Vormischflammen für unterschiedliche gasförmige und flüssige Brennstoffe sind in der Literatur vielfältig untersucht. Ein Überblick ist in Abbildung 2-7 dargestellt.

Brennstoff	Normierte laminare Brenngeschwindigkeit	Quelle
Ethan	$\Lambda_{CH_4} \big/ \Lambda_{C_2H_6} = 0{,}88$	Leuckel [53]
Erdgas H	$\Lambda_{CH_4} \big/ \Lambda_{EG} = 0{,}98$	Leuckel [53]
Kerosin Jet-A1	$\Lambda_{CH_4} \big/ \Lambda_{Kerosin} = 1{,}25$	Eberius [117]

Abbildung 2-7 Verhältnisse der laminaren Brenngeschwindigkeiten von Vormisch-flammen unter stöchiometrischen Bedingungen von Ethan, Methan, Erdgas H und Kerosin Jet-A1

Ein weiterer, wichtiger verbrennungstechnischer Betriebsparameter ist die mittlere thermische Leistung $\overline{\dot{Q}}_{th}$. Da bei ansonsten konstanten Betriebsparametern und Brennergeometrie eine Variation der thermischen Leistung nur durch Änderung des mittleren Gemischmassenstroms zu realisieren ist, wird klar, dass dieser Betriebsparameter keinen Einfluss auf Größen im molekularen Skalenbereich hat. Obwohl dies einen Einfluss auf die laminare Brenngeschwindigkeit ausschließt, bewirkt gemäß Kapitel 2.1.2 eine Erhöhung des durchgesetzten Massenstromes eine Erhöhung der Reynoldszahl Re_d am Brenneraustritt und für annähernd konstanten Turbulenzgrad Tu und konstanten Brennerdurchmesser d_{Br} eine Erhöhung der turbulenten Reynoldszahl Re_t. Demnach gilt für konstante Parameter Druck, Temperatur, Luftzahl, Brennstoff und Brenneraustrittsgeometrie gemäß Gleichung 2-47 die in Gleichung 2-51 vorgestellte Abhängigkeit der turbulenten Brenngeschwindigkeit von der mittleren thermischen Leistung für hochturbulente Vormischflammen im Regime des homogenen Reaktors (Abbildung 2-6):

$$\frac{\Lambda_{turb}}{\Lambda_{lam}} = 1 + Re_t^{1/2} \cong Re_t^{1/2} \sim Re_d^{1/2} \sim \overline{\dot{Q}}_{th}^{1/2} \; ; \; Re_t^{1/2} \gg 1 \qquad \text{Gleichung 2-51}$$

Es sei darauf hingewiesen, dass dabei prinzipiell gilt:

$$Re_t = \frac{u' \, \rho \, L_t}{\mu} = f(\overline{\dot{Q}}_{th}, T_{Misch}, \lambda_{Misch}, \text{Brennstoff}, p) \qquad \text{Gleichung 2-52}$$

und somit die turbulente Brenngeschwindigkeit (Gleichung 2-51) sowohl durch den Einfluss der laminaren Brenngeschwindigkeit (Gleichung 2-42) als auch direkt durch die turbulente Reynoldszahl (Gleichung 2-52) von allen verbrennungstechnischen Betriebsparameter abhängt.

Speziell der Einfluss des mittleren Brennkammerdruckes auf die turbulente Reynoldszahl und somit die turbulente Brenngeschwindigkeit von stationären Vormischflammen ist von Soika et.al. [77] ausführlich beschrieben. Der Effekt der zunehmenden Verwinkelung, Faltung und Aufdickung der Flammenfront bei erhöhten turbulenten Reynoldszahlen infolge gesteigerten Brennkammerdruckes wird dabei als bestimmend identifiziert. Dagegen geht aus Untersuchungen von Griebel et.al. [78, 79, 80] hervor, dass stationäre, hochturbulente Vormischflammen unter Variation des Betriebsdruckes bei gleichzeitig konstant gehaltener Düsenaustrittsgeschwindigkeit, Luftzahl und Vorwärmtemperatur eine konstante Flammenlänge aufweisen. Dies würde unter genannten Voraussetzungen bedeuten, dass die Zeit, die ein Volumenelement benötigt, um vom Brennermund konvektiv in den Bereich der Hauptreaktion zu gelangen, auf Zündtemperatur erwärmt zu werden und nach einer chemischen Verzugszeit die gespeicherte chemische Energie in Form von Wärme freizusetzen, keine Funktion des mittleren Druckes ist.

Die Verifizierung dieser Ansätze, Ergebnisse und Hypothesen wird im weiteren Verlauf der präsentierten Arbeit eine wichtige Rolle zur Identifizierung des Druckeinflusses auf die Entstehung und Erhaltung selbsterregter Druck-/ Flammenschwingungen einnehmen.

3 <u>Periodische Verbrennungsinstabilitäten</u>

3.1 <u>Rückkopplung im Wirkungskreis Brenner- Flamme- Brennkammer</u>

Nach Büchner [13] sind allen in der Literatur beschriebenen Phänomenen, zusammengefasst als Verbrennungsschwingungen, die folgenden makroskopisch messbaren Eigenschaften gemein. Es werden jeweils zeit-periodische Schwankungen des statischen Druckes in der Brennkammer und des Abgasmassestroms beobachtet, welche bei einer oder mehreren diskreten Frequenzen auftreten. Abhängig von der auftretenden Amplitude der Druckschwankung und dem Druckübertragungsverhalten der stromauf des Brennermundes angeordneten Bauteile, können sich diese Schwankungen in das Brennerplenum selbst und in dem Brenner vorgeschalteten Anlagenteile, wie Luft- und Brennstoffzufuhr, Mischungseinheiten und Regeleinrichtungen hinein, ausbreiten. Hierbei können sich abhängig von den charakteristischen Zeitmaßen der zugrunde liegenden Rückkopplungsmechanismen, Schwingungen im Frequenzbereich von wenigen Hz [12, 14, 15, 18, 23, 25] bis hin zu mehreren kHz [13, 81] ausbilden.

Nachfolgend soll der Rückkopplungskreis niederfrequenter Verbrennungsschwingungen vorgestellt werden, worin die Flamme mit zyklischen Änderungen der Flammengeometrie, also der Reaktionsfläche und damit der momentanen, flammenintegralen Reaktionsumsatzrate des Brennstoffes auf die Druckschwankung reagiert. In Abbildung 3-1 sind die Wirkmechanismen nach Büchner [12, 13] im Rückkopplungskreis Brenner-Mischer-Flamme-Brennkammer dargestellt.

Im Bereich dieser komplexen Systemrückkopplung sind zwei, sich in realen Verbrennungssystemen häufig überlagernde Mechanismen zu identifizieren, die eine zeitperiodische Schwankung des Abgasmassestroms und damit periodische Druckschwankungen in der Brennkammer hervorrufen können. Zum einen führt eine zeitliche Änderung des momentanen Frischgemisch-Massestroms an der Brennerdüse, hervorgerufen beispielsweise durch isotherme Strömungsinstabilitäten [13, 20, 99], nach einer charakteristischen Gesamtverzugszeit $\bar{t}_{V,Fl,ges}$, zu einer zeitlichen Änderung der momentanen, flammenintegralen Wärmefreisetzungsrate $\dot{Q}_{th}(t)$ und damit des zugehörigen, momentanen Rauchgasmassestroms $\dot{m}_{Rg}(t)$.

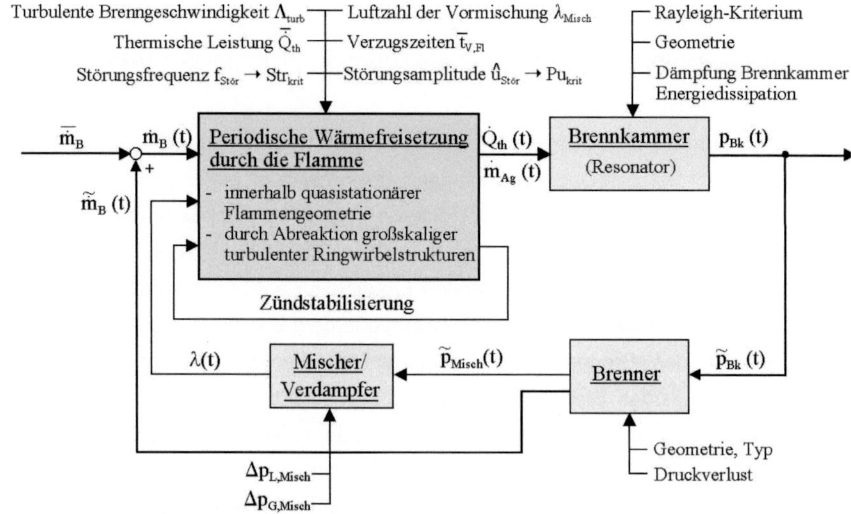

Abbildung 3-1 Rückkopplungsmechanismus in technischen LP-/ LPP- Verbrennungssystemen [12]

Die dadurch hervorgerufene Druckschwankung in der als Resonator wirkenden Brennkammer $p_{Bk}(t)$ im Bereich der Resonanzfrequenz f_R, wirkt nun ihrerseits als periodischer Gegendruck gegen den Frischgemisch-Massestrom aus der Brennerdüse und verstärkt dessen ursprüngliche Schwankung.

Weiterhin können durch Gegendruckschwankungen in der Brennkammer prinzipiell Luftzahlschwankungen im Mischer und damit in der Flamme induziert werden, welche zu periodischen Dichteschwankungen im Rauchgas führen und somit den Rückkopplungskreis schließen. Es sei jedoch darauf hingewiesen, dass in technischen Verbrennungssystemen eine zeit-periodische Luftzahlschwankung immer auch eine Massestromschwankung am Brenneraustritt nach sich zieht und daher der Einfluss eventuell schwankender Luftzahlen nicht von dem der Massestromschwankungen zu trennen ist. Die Dominanz des Mechanismus der Massestromschwankung wird zudem in diversen Publikationen [12, 13, 20, 24] beschrieben.

Beiden Mechanismen sind die folgenden Voraussetzungen für eine selbsttätige Verstärkung und Erhaltung der Schwingungen im Rückkopplungskreis gemein. Nach Lord Rayleigh [82, 83, 107] ist das Kriterium für eine stabile Druckschwingung, dass die „Wärme im Moment größten Druckes zu - und im Moment kleinsten Druckes abgeführt wird". Hierfür gilt der mathematische Ansatz gemäß Gleichung 3-1 [84, 85]:

$$\int_0^T \tilde{\dot{Q}}_{th}(t) \cdot \tilde{p}_{Bk}(t)\, dt > 0 \qquad\qquad \text{Gleichung 3-1}$$

Dabei ist es nicht notwendig, dass sich die periodische Wärmefreisetzung und die resultierende Druckschwingung in Phase befinden, sondern das Produkt aus beiden, über die Schwingungsperiode integriert, muss größer Null sein. Ob bei stark gedämpften Schwingungen in der resonanzfähigen Brennkammer ausreichend Energie aufgebracht wird, um beispielsweise starke Wandreibungsverluste zu kompensieren und damit die voll ausgebildete Druckschwingung zu erhalten, kann von dem regelungstechnischen Stabilitätskriterium nach Nyquist [86] gemäß Gleichung 3-2 und Gleichung 3-3 beurteilt werden.

$$\left| F_{Brenner} \right| \cdot \left| F_{Flamme} \right| \cdot \left| F_{Brennkammer} \right| \geq 1 \qquad\qquad \text{Gleichung 3-2}$$

$$\varphi_{ges}(\omega) = 0° +/- n \cdot 360° =$$

$$\qquad\qquad \text{Gleichung 3-3}$$

$$= \sum \varphi_i = \varphi_{\dot{Q}_{th}-\dot{m}_d}(\omega) + \varphi_{\dot{m}_d-p_{Bk}}(\omega) + \varphi_{p_{Bk}-\dot{Q}_{th}}(\omega)$$

Das Produkt der Betragsfrequenzgänge der Einzelkomponenten des Systems muss also größer oder gleich 1 sein und die Energiezufuhr an die Schwingung soll mit einer Gesamtphasendifferenz von 0° oder einem ganzzahligen Vielfachen von 360° erfolgen. Damit wird klar, dass für eine vollständige Stabilitätsanalyse eines Verbrennungssystems – im einfachsten Fall bestehend aus Brenner, Flamme und Brennkammer – das dynamische Übertragungsverhalten all dieser Teilkomponenten in Abhängigkeit aller relevanten geometrischen und betriebstechnischen Parameter bekannt sein muss. Das Übertragungsverhalten der Einzelkomponenten eines einfachen Verbrennungssystems wird daher nachfolgend diskutiert.

3.2 <u>Die Brennkammer als Resonator</u>

Wie in Kapitel 3.1 beschrieben, fällt der Brennkammer im Rückkopplungskreis des Verbrennungssystems Brenner – Flamme – Brennkammer eine große Bedeutung zu, da sie als Resonator für die auftretenden Druckschwankungen wirkt. In einem im Wesentlichen von der Brennkammergeometrie, den Dämpfungseigenschaften des Systems und der Schallgeschwindigkeit des Rauchgases bestimmten Frequenzbereich kann dieser Resonator Druckschwankungen um eine Vielfaches verstärken und damit die Selbsterhaltung der Verbrennungsschwingung gewährleisten. Im Folgenden wird daher das frequenzabhängige Druckübertragungsverhalten einfacher, technisch relevanter Resonatorformen diskutiert.

3.2.1 Akustische ¼ - und ½ - Wellen - Resonatoren

Das folgende Teilkapitel behandelt die Ausbreitung von Schallwellen in einem homogenen Medium und das Phänomen der stehenden Welle in einem geeigneten Resonanzraum. Dieser Resonanzraum kann in feuerungstechnischen Anlagen wie in Kapitel 3.1 bereits beschrieben durch die Brennkammer, das Brennerplenum sowie stromauf beziehungsweise stromab angeordnete Anlagenvolumina dargestellt werden. Hierbei handelt es sich bei akustischen Wellen um Longitudinal-Wellen. Die einzelnen Atome oder Moleküle schwingen dabei in Richtung der Ausbreitung um den Betrag ihrer Amplitude hin und her. Nach Durchlaufen der Schwingung bewegen sich die Teilchen wieder an ihre Ruhestellung zurück. Die einzelnen Teilchen können somit als fremderregte Schwinger oder Oszillatoren betrachtet werden, die gemäß Kapitel 2.2 eine Schwingungsperiode durchlaufen und dabei dem jeweils nächsten in longitudinaler Richtung benachbarten Teilchen ihrerseits eine Schwingung aufprägen.

Lineare Akustik

Im Rahmen der linearen Akustik werden strömungsmechanische Feldgrößen in Form eines mittleren Strömungsfeldes mit überlagerten kleinen Störungen beschrieben. Den statischen, orts- und zeitabhängigen Druck p zerlegt man dabei gemäß Gleichung 3-4 in einen mittleren Druck $\bar{p}$ und eine überlagerte akustische Störung p'. Mit Geschwindigkeit und Dichte verfährt man nach Gleichung 3-5 und Gleichung 3-6 analog. Wobei die durch Schall induzierten Störungen von Druck und Dichte sehr

32

klein im Vergleich zu den entsprechenden mittleren Werten sind. Für die Geschwindigkeit gilt dies per se nicht, da sowohl der Fall der Schallausbreitung mit großer, überlagerter mittlerer Strömungsgeschwindigkeit als auch der Fall der Schallausbreitung in ruhenden Medien technisch relevant ist.

$$p(x,t) = \overline{p} + p'(x,t) \;\; ; \; p'/\overline{p} \ll 1 \qquad\qquad \text{Gleichung 3-4}$$

$$u(x,t) = \overline{u} + u'(x,t) \qquad\qquad \text{Gleichung 3-5}$$

$$\rho(x,t) = \overline{\rho} + \rho'(x,t) \;\; ; \; \rho'/\overline{\rho} \ll 1 \qquad\qquad \text{Gleichung 3-6}$$

Die Wellengleichung

Nachfolgend soll vereinfachend die Wellengleichung zur Beschreibung der Wellenausbreitung für nicht reagierende, isotherme, reibungsfreie und adiabate Strömungen erarbeitet werden. Unter diesen Voraussetzungen lauten die Erhaltungsgleichungen für Masse (Gleichung 3-7), Impuls (Gleichung 3-8) und Energie (Gleichung 3-9) nach Euler [126] wie folgt.

$$\frac{D\rho}{Dt} + \rho\,(\nabla \cdot u) = 0 \qquad\qquad \text{Gleichung 3-7}$$

$$\rho\,\frac{Du}{Dt} + \nabla p = 0 \qquad\qquad \text{Gleichung 3-8}$$

$$\rho\,\frac{D}{Dt}\left(\frac{u \cdot u}{2} + h\right) = \frac{\partial p}{\partial t} \qquad\qquad \text{Gleichung 3-9}$$

Setzt man Gleichung 3-4, Gleichung 3-5 und Gleichung 3-6 in Gleichung 3-7 und Gleichung 3-8 erhält man Gleichung 3-10 für die Erhaltung der Masse und Gleichung 3-11 für die Erhaltung des Impuls unter Vernachlässigung von Produkten aus den kleinen Störgrößen p', u', ρ' [131].

$$\frac{\partial\rho'}{\partial t} + \nabla \cdot (\overline{\rho}\,u') + \nabla \cdot (\rho'\,\overline{u}) = 0 \qquad\qquad \text{Gleichung 3-10}$$

$$\frac{\partial u'}{\partial t}+(\overline{u}\cdot\nabla)u'+(u'\cdot\nabla)\overline{u}+\frac{\rho'}{\overline{\rho}}(\overline{u}\cdot\nabla)\overline{u}+\frac{1}{\overline{\rho}}\nabla p'=0 \qquad\qquad \text{Gleichung 3-11}$$

Unter der Annahme einer isentropen Strömung eines perfekten Gases ergibt sich

$$\frac{p'}{\rho'}=c^2;\quad c=\sqrt{\kappa R T} \qquad\qquad \text{Gleichung 3-12}$$

Wobei R die spezifische Gaskonstante und c die Schallgeschwindigkeit darstellen. Für konstante mittlere Dichte $\overline{\rho}$ erhält man die *konvektive Wellengleichung für nicht reagierende Strömungen* (Gleichung 3-13) durch die Bildung der Differenz der zeitliche Ableitung aus Gleichung 3-10 und der räumlichen Ableitung aus Gleichung 3-11 unter Berücksichtigung von Gleichung 3-12 [131].

$$\frac{D^2 p'}{Dt^2}-c^2\nabla^2 p'=0 \qquad\qquad \text{Gleichung 3-13}$$

Gleichung 3-13 beschreibt hierbei die Ausbreitung einer akustischen Druckwelle mit der Ausbreitungsgeschwindigkeit c in einem isentropen Medium.

Für eine konstante mittlere Fluidgeschwindigkeit $\nabla\overline{u}\equiv 0$ reduziert sich die linearisierte Impulsgleichung (Gleichung 3-11) zu Gleichung 3-14 [131].

$$\overline{\rho}\frac{Du'}{Dt}+\nabla p'=0 \qquad\qquad \text{Gleichung 3-14}$$

Eine häufig auftretende Wellenform ist die eindimensionale ebene Welle, die in guter Näherung vorliegt, wenn der Querschnitt des Strömungskanals klein ist gegenüber der akustischen Wellenlänge. Für diesen Fall reduziert sich Gleichung 3-13 zur *konvektiven, eindimensionalen Wellengleichung* gemäß Gleichung 3-15 bzw. Gleichung 3-16.

$$\left(\frac{\partial}{\partial t}+\overline{u}\frac{\partial}{\partial x}\right)^2 p'-c^2\frac{\partial^2 p'}{\partial x^2}=0 \qquad\qquad \text{Gleichung 3-15}$$

$$\frac{1}{c^2}\frac{\partial^2 p'}{\partial t^2}-(1-M^2)\frac{\partial^2 p'}{\partial x^2}+2\frac{M}{c}\frac{\partial^2 p'}{\partial t\partial x}=0 \; ; M=\overline{u}/c$$

Gleichung 3-16

Liegen weiterhin sehr kleine Mach-Zahlen M in der die akustische Welle überlagernden Strömung vor, vereinfacht sich Gleichung 3-16 zur *eindimensionalen Wellengleichung in ruhenden Medien* (Gleichung 3-17).

$$\frac{\partial^2 p'}{\partial t^2}-c^2\frac{\partial^2 p'}{\partial x^2}=0$$

Gleichung 3-17

Nach der Methode von D'Alembert [127] kann Gleichung 3-17 durch Substitution der Variablen ξ und η gemäß Gleichung 3-18 gelöst werden.

$$\xi=x-ct; \quad \eta=x+ct$$

Gleichung 3-18

Es ergibt sich die allgemeine Lösung gemäß Gleichung 3-19.

$$\frac{p'(x,t)}{\overline{\rho}c}=f(\xi)+g(\eta)=f(x-ct)+g(x+ct)$$

Gleichung 3-19

Dabei gilt die Konvention, die Funktionen f und g als Riemann Invarianten zu bezeichnen [128].

Weiterhin leitet sich mit Gleichung 3-12 aus Gleichung 3-19 die Dichteschwankung gemäß Gleichung 3-20 ab.

$$\rho'(x,t)=\frac{p'}{c^2}=\frac{\overline{p}}{c}\left(f(x-ct)+g(x+ct)\right)$$

Gleichung 3-20

Für die Geschwindigkeitsschwankung u' liefert die linearisierte, eindimensionale Kontinuitätsgleichung die Beziehung (Gleichung 3-21)

$$\frac{\partial u'}{\partial x}=-\frac{1}{\overline{\rho}}\frac{\partial \rho'}{\partial t}$$

Gleichung 3-21

Setzt man in Gleichung 3-21 für ρ' den Ausdruck aus Gleichung 3-20 ein, erhält man nach Anwendung der Kettenregel und Integration die Geschwindigkeitsschwankung (Gleichung 3-22) [131].

$$u'(x,t) = f(x - ct) - g(x + ct) \qquad \text{Gleichung 3-22}$$

Harmonische Wellen

Nimmt man die Zeitabhängigkeit der Riemann Invarianten in exponentieller Form $e^{i\omega t}$ an, erhält man die harmonische Lösung der Wellengleichung (Gleichung 3-17) gemäß Gleichung 3-23 und Gleichung 3-24 [129].

$$p'(x,t) = \overline{\rho}c\,(f \cdot e^{i\omega(t-x/c)} + g \cdot e^{i\omega(t+x/c)}) \qquad \text{Gleichung 3-23}$$

$$u'(x,t) = f \cdot e^{i\omega(t-x/c)} - g \cdot e^{i\omega(t+x/c)} \qquad \text{Gleichung 3-24}$$

Die Kreisfrequenz ω gibt die Frequenz der harmonischen Wellen f und g in Radiant pro Sekunde an. Die Wellenzahl kann anhand der Wellenlänge λ gemäß Gleichung 3-25 definiert werden.

$$\kappa = \frac{\omega}{c} = \frac{2\pi}{\lambda} \qquad \text{Gleichung 3-25}$$

Hierdurch vereinfacht sich Gleichung 3-23 und Gleichung 3-24 zu Gleichung 3-26 und Gleichung 3-27.

$$p'(x,t) = \overline{\rho}c\left(f \cdot e^{-i\kappa x} + g \cdot e^{+i\kappa x}\right) e^{i\omega t} \qquad \text{Gleichung 3-26}$$

$$u'(x,t) = \left(f \cdot e^{-i\kappa x} - g \cdot e^{+i\kappa x}\right) e^{i\omega t} \qquad \text{Gleichung 3-27}$$

Es sei darauf hingewiesen, das die Annahme einer konstanten Wellenfrequenz f für die Riemann Invarianten f und g Reibungsfreiheit und vernachlässigbare Temperaturgradienten voraussetzt. Dies ist in der Nähe von Verbrennungsvorgängen oder gekühlten Wänden nicht ohne weiteres gegeben.

Im Falle einer nicht vernachlässigbaren, der Schallausbreitung überlagerten, konstanten mittleren Strömungsgeschwindigkeit kann die konvektive Wellengleichung nach Gleichung 3-15 durch Variablentrennung gelöst werden [130].

$$p'(x,t) = \alpha(x) \cdot \beta(t)$$

Gleichung 3-28

Dabei gilt für harmonische Wellen $\beta(t) \equiv e^{i\omega t}$ und die folgende Lösungen können gefunden werden.

$$p'(x,t) = \overline{\rho}c \left(f \cdot e^{-i\omega/(c+\overline{u})x} + g \cdot e^{+i\omega/(c+\overline{u})x} \right) e^{i\omega t}$$

Gleichung 3-29

$$u'(x,t) = \left(f \cdot e^{-i\omega/(c+\overline{u})/x} - g \cdot e^{+i\omega/(c+\overline{u})x} \right) e^{i\omega t}$$

Gleichung 3-30

Für M<1 kann diese Lösung so interpretiert werden, dass die Störung f stromab mit der Ausbreitungsgeschwindigkeit $(c+\overline{u})$ fortschreitet, wohingegen die Störung g sich in entgegengesetzter Richtung mit $(c-\overline{u})$ stromauf ausbreitet.

Hierbei kann die konvektive Wellenzahl wie folgt definiert werden.

$$\kappa_{\pm} = \pm \frac{\omega/c}{1 \pm M} = \pm \frac{\kappa}{1 \pm M}$$

Gleichung 3-31

Damit ergeben sich aus Gleichung 3-29 und Gleichung 3-30 unter Berücksichtigung von Gleichung 3-31:

$$p'(x,t) = \overline{\rho}c \left(f \cdot e^{-i\kappa_{+}x} + g \cdot e^{+i\kappa_{-}x} \right) e^{i\omega t}$$

Gleichung 3-32

$$u'(x,t) = \left(f \cdot e^{-i\kappa_{+}x} - g \cdot e^{+i\kappa_{-}x} \right) e^{i\omega t}$$

Gleichung 3-33

Es zeigt sich, dass für kleine Machzahlen Gleichung 3-32 und Gleichung 3-33 in Gleichung 3-26 und Gleichung 3-27 überführt werden können. Für kleine mittlere Strömungsgeschwindigkeiten im Vergleich zur Ausbreitungsgeschwindigkeit der Schallwelle kann daher in guter Näherung Gleichung 3-26 und Gleichung 3-27 zur Beschreibung der akustischen Druck- und Geschwindigkeitsschwankung herangezogen werden [131].

Akustische Randbedingungen - Impedanz und Reflexion

In Analogie zur Elektrotechnik, wo die Impedanz als Quotient von komplexer elektrischer Spannung und Strom definiert ist, erhält man die akustische Impedanz Z der sich ausbreitenden akustischen Welle durch den Quotienten von akustischem Druck und Geschwindigkeit [131].

$$Z(x, \omega) \equiv \frac{p'(x, \omega, t)}{u'(x, \omega, t)}$$

Gleichung 3-34

Weiterhin ist der Reflexionskoeffizient definiert als das Verhältnis der Riemann Invarianten f und g bei einem Ort x [131].

$$r(x) \equiv \frac{g(x)}{f(x)}$$

Gleichung 3-35

Nachfolgend sollen drei Spezialfälle akustischer Randbedingungen und ihr Einfluss auf die akustische Impedanz und den Reflexionskoeffizienten diskutiert werden.

Für eine eindimensionale, axiale Schallausbreitung in einem Rohr der Länge L sind zunächst prinzipiell drei Formen von akustischen Randbedingungen denkbar [131]. Hierzu zählt zunächst ein schallweicher Abschluss (z.B. offenes Rohrende). Dabei ergibt sich der akustische Druck als Konsequenz der Umgebungsrandbedingung gemäß Gleichung 3-36.

$$p'(x = L, t) = 0$$

Gleichung 3-36

Für den Fall der schallharten Randbedingung (z.B. feste Wand am Rohrabschluss) stellt sich die akustische Geschwindigkeit nach Gleichung 3-37 ein.

$$u'(x = L, t) = 0$$

Gleichung 3-37

Aus Gleichung 3-19, Gleichung 3-22, Gleichung 3-36 und Gleichung 3-37 lässt sich ableiten, dass für den Reflexionskoeffizient r=1 für einen schallharten und r= -1 für den schallweichen Abschluss gilt. Für den dritten Grenzfall einer akustischen Randbedingung – die reflexionsfreien oder schalltote Barriere – gilt dementsprechend für den Reflexionskoeffizienten r = 0 und gemäß Gleichung 3-19 und Gleichung 3-22 für die $Z = \overline{\rho}c$ [131]. Die Ergebnisse dieser Überlegungen sind in Abbildung 3-2 zusammengefasst.

Akustische Randbedingung	Impedanz Z	Reflexionskoeffizient r
schallweich (offenes Ende)	$Z = 0$	$r = -1$
schallhart (Wand)	$Z \to \infty$	$r = 1$
reflexionsfrei Barriere	$Z = \overline{\rho}c$	$r = 0$

Abbildung 3-2 Impedanz und Reflexionsgrad für akustische Randbedingung [131]

Stehende Wellen

Ein zylindrisches Rohr kann einen akustischen Resonator darstellen, sobald sich darin eine stehende Welle ausbildet. In diesem Fall überlagert die reflektierte Komponente g die Komponente f phasenrichtig und verstärkt diese. Für den Fall eines schallweichen (offenen) Rohrendes bei $x = L_{Rohr}$ und einem schallharten, festem Ende bei $x = 0$ ergibt sich nach Gleichung 3-36 und Gleichung 3-37 $u' = 0$ für die schallharte und $p' = 0$ für die schallweiche Randbedingung.

Gilt zudem für die Rohrlänge Gleichung 3-38, so ergeben sich für die akustische Druck- und Geschwindigkeitsschwankung nach Gleichung 3-26 und Gleichung 3-27 die Grenzwerte gemäß Abbildung 3-3.

$$4\,L_{Rohr} = \lambda_{Welle} \;;\; f_{Welle} = c / \lambda_{Welle} \qquad\qquad \text{Gleichung 3-38}$$

$x = 0$ (schallhart)	$x = L_{Rohr} = \frac{1}{4}\,\lambda_{Welle}$ (schallweich)
$u' = 0$	$u' = u'_{max}$
$p' = p'_{max}$	$p' = 0$

Abbildung 3-3 Grenzwerte für Druck- und Geschwindigkeitsschwankung in einem ¼-Wellen - Resonator

Es bildet sich also wie in für die gegebenen akustischen Randbedingungen eine stehende Welle aus. Der entstandene sogenannte **¼-Wellen – Resonator** weist weitere mögliche Obertöne bei ungeraden Vielfachen der Wellenlänge des Grundtons $f_{R,1/4-Welle} = c/4L_{Rohr}$ auf.

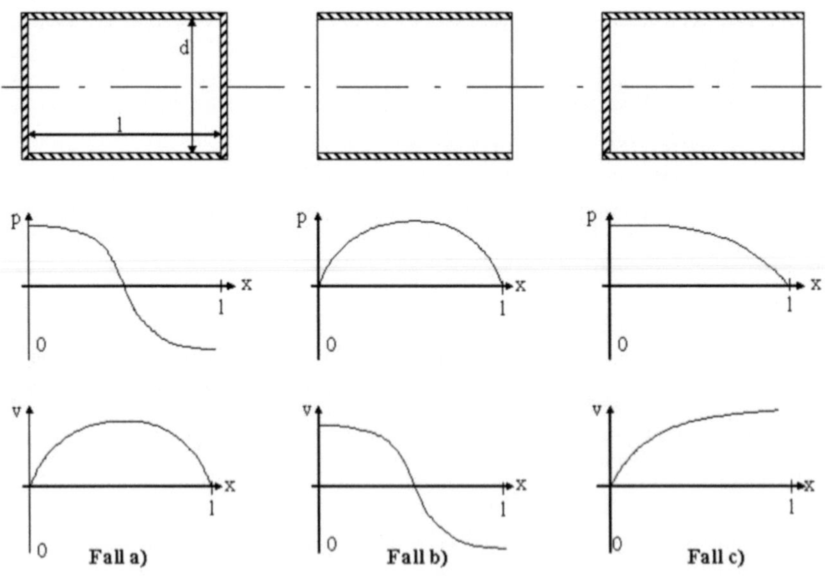

Abbildung 3-4 Druck- und Geschwindigkeitsverteilung bei stehenden Wellen über der Rohrlänge [87]

Abbildung 3-4 zeigt graphisch den Druck- und Geschwindigkeitsverlauf für die Randbedingung zweier schallharter Rohrenden (Fall a), zweier schallweicher Rohrenden (Fall b) und des zuvor diskutierten Fall eines schallweichen und eines schallharten Rohrabschlusses (Fall c).

Es ist zu erkennen, dass die akustischen Randbedingungen in Fall a und b einen sogenannten ½ - **Wellen – Resonator** ermöglichen, also eine stehende Welle der Wellenlänge $2L_{Rohr} = \lambda_{Welle}$. Auch dieser Resonatortyp weist Obertöne auf, jedoch im Gegensatz zum ¼ - Wellen – Resonator bei ganzzahligen Vielfachen der Wellenlänge der Grundschwingung $f_{R,1/2-Welle} = c / 2L_{Rohr}$.

Allen stehenden Wellen ist dabei - wie in Abbildung 3-4 zu erkennen - abhängig von der Schwingungsfrequenz und den akustischen Randbedingungen die Ausbildung von ortsfesten Minima und Maxima des Druckes und der Geschwindigkeit gemein.

3.2.2 Übertragungsverhalten von Helmholtz-Resonatoren

Eines der wichtigsten, resonanzfähigen Gassysteme von technischer Relevanz ist der Helmholtz-Resonator. Seine wichtigste Eigenschaft ist die wesentlich niedrigere Eigenkreisfrequenz als durch stehende Wellen gemäß seiner geometrischen Abmessungen (Kapitel 3.2.1) erklärt werden könnte. Brennkammern vom Typ des Helmholtz-Resonators zeichnen sich im Weiteren durch ein eingeschlossenes, kompressibles Gasvolumen aus, welches über einen signifikanten Querschnittssprung und ein Abgasrohr, dem so genannten Resonatorhals, mit der Umgebung verbunden sind. Abbildung 3-5 zeigt beispielhaft das Vorkommen von potenziell resonanzfähigen Systemen vom Typ des Helmholtz-Resonators in verbrennungstechnischen Anlagen.

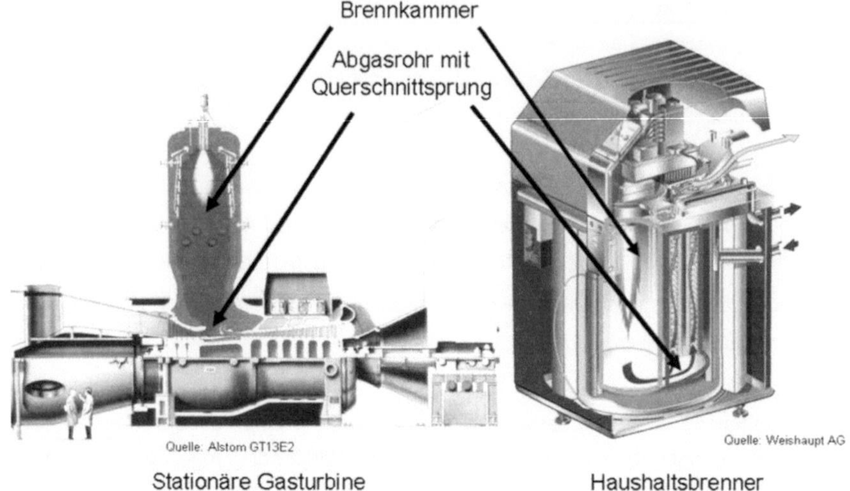

Abbildung 3-5 Beispiele möglicher Helmholtz-Resonatoren in technischen Verbrennungssystemen [19]

Abgrenzend zu stehenden Wellen ist zudem eine weitere charakteristische Eigenschaft dieses Resonatortyps, wonach die Schwankung des statischen Drucks in der Brennkammer keine Funktion des Ortes ist, wohl jedoch eine zeitliche Abhängigkeit aufweist [12, 13, 87, 89, 90]. Eine mathematische Beschreibung des Resonanzverhaltens des nach ihm benannten Resonatortyps gibt Helmholtz [89, 106] in Analogie zum elektrischen Stromfluss durch eine Fläche mit konstantem Potential. Dabei wird die Vorhersage der Resonanzfrequenz bei gegebenen geometrischen Abmessungen ermöglicht. In Analogie zu einem Feder – Masse – Dämpfer Schwinger zeigt Keller [90], dass die schwingende Masse m der durch das Abgasrohr abgegrenzten Gasmasse m_{Ar} gleichgesetzt werden kann. Auf die zwingend notwendige Berücksichtigung der Schwingungsdämpfung im Resonator des Rückkopplungskreises von periodischen Verbrennungsinstabilitäten weist Büchner [12, 13] hin. Gemäß Kapitel 2.2 führt eine Vernachlässigung der Schwingungsdämpfung im Resonanzfall zu einem unbegrenzten Anwachsen der Amplitude. In realen Systemen verursacht die Schwingungsdämpfung stets eine endliche Amplitude auch im Resonanzfall. Des Weiteren führt die Annahme eines reibungsfreien Schwingungsverhalten zu einem Verlauf der Phasendifferenzwinkel zwischen Systemanregung- und antwort gemäß einer Sprungfunktion wodurch eine Anwendung des Phasenkriteriums nach Rayleigh (Kapitel 3.1) nicht möglich wäre.

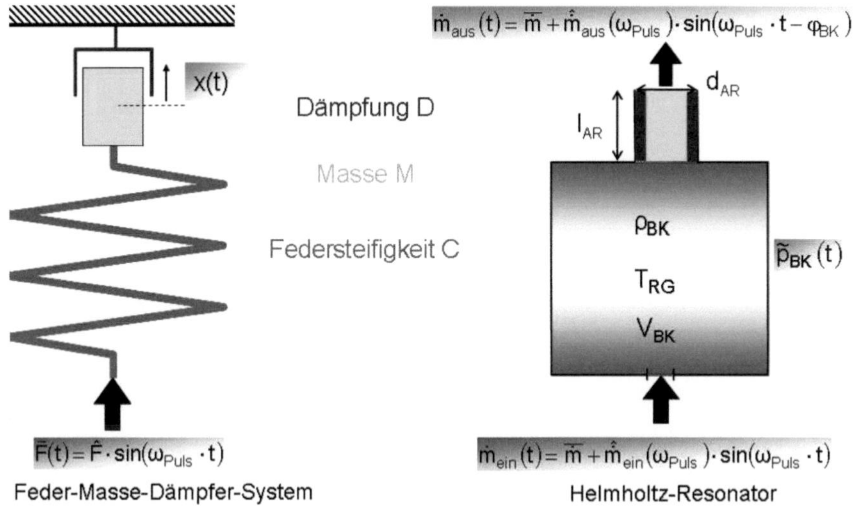

Abbildung 3-6 Analogie eines einfachen mechanischen Feder – Masse – Dämpfer Schwingers und des fluiddynamischen Helmholtz-Resonators [13, 19]

Abbildung 3-6 verdeutlicht die Analogie des mechanischen Feder – Masse – Dämpfer Schwingers und des Helmholtz-Resonators [13]. Hierbei dürfen ausgehend von der Bewegungsdifferentialgleichung für einen linearen, gedämpften und fremderregten mechanischen Schwinger (Kapitel 2.2) nach Gleichung 3-39

$$m\ddot{x} + d\dot{x} + c\,x = f(t) \qquad \text{Gleichung 3-39}$$

die folgenden Annahmen zur Herleitung des Schwingungsverhaltens des durchströmten Helmholtz-Resonators getroffen werden [13, 90]:

- isotherme Durchströmung des Resonators mit mäßigen Strömungsgeschwindigkeiten
- linearisierbare, isentrope Zustandsänderung des Gases in der Brennkammer
- Schwingungsdämpfung alleine auf Resonatorhals beschränkt
- Turbulenzeigenschaften der Strömung im Hinblick auf das Schwingungsverhalten vernachlässigbar
- Schwankungen des statischen Druckes in der Kammer gleichphasig und ohne Ortsabhängigkeit der Druckamplitude.

Daraus abgeleitet ergibt sich nach Büchner [13] die inhomogene Differentialgleichung gemäß Gleichung 3-40

$$\frac{1}{\kappa}\frac{V_{Bk}}{A_{Ar}}\frac{\overline{p}_{Rg,0}}{\overline{p}_{Bk,0}}m_{Ar}\frac{d^2\overline{u}}{dt^2}+\frac{R}{\kappa}\frac{V_{Bk}}{A_{Ar}}\frac{\overline{p}_{Rg,0}}{\overline{p}_{Bk,o}}\frac{du}{dt}+\overline{p}_{Rg}A_{Ar}\,u(t)=\dot{m}_{Rg,ein}(t) \qquad \text{Gleichung 3-40}$$

und die zugehörige homogene Differentialgleichung gemäß Gleichung 3-41

$$\frac{d^2\overline{u}}{dt^2}+\frac{R}{m_{Ar}}\frac{du}{dt}+\frac{\kappa\,\overline{p}_{Bk,0}}{\overline{p}_{Rg}}\frac{A_{Ar}}{L_{Ar}\,V_{Bk}}u(t)=0 \qquad \text{Gleichung 3-41}$$

Gemäß Magnus und Popp [46] gelten hierfür die in Kapitel 2.2 vorgestellten Bezie-
hungen für den Phasenfrequenzgang, den Amplitudenfrequenzgang und die maximale Amplitude für die Resonanzfrequenz des Systems (Gleichung 2-35, Gleichung
2-36 und Gleichung 2-37). Übertragen auf das System des Helmholtz-Resonators
ergibt sich Gleichung 3-42 für die Phasenverschiebungen zwischen ein- und austre-
tender Massestromschwankung und der periodischen Druckschwankung (Gleichung
3-43) sowie Gleichung 3-44 und Gleichung 3-45 für die Amplitudenverhältnisse zwischen Systemanregung und der Systemantwort [13]. Dabei gilt für die mit der Eigenkreisfrequenz des Systems ω_0 entdimensionierte Anregungsfrequenz $\eta=\omega/\omega_0$ (Kapitel 2.2).

$$\varphi_{Masse}=\varphi_{\dot{m}_{aus}-\dot{m}_{ein}}=-\arctan\left(\frac{2D\eta}{1-\eta^2}\right) \qquad \text{Gleichung 3-42}$$

$$\varphi_{Druck}=\varphi_{p_{Bk}-\dot{m}_{ein}}=90^0-\arctan\left(\frac{2D\eta}{1-\eta^2}\right) \qquad \text{Gleichung 3-43}$$

$$A_{Masse}=\frac{\hat{\dot{m}}_{Rg,aus}}{\hat{\dot{m}}_{Rg,ein}}=\frac{1}{\sqrt{(1-\eta^2)^2+4D^2\eta^2}} \qquad \text{Gleichung 3-44}$$

$$A_{Druck} = \frac{\hat{p}_{Bk}\, V_{Bk}\, \overline{p}_{Rg,0}\, \omega}{\kappa\, \overline{p}_{Bk,0}\, \hat{\dot{m}}_{Rg,ein}} =$$

$$= 1 + \frac{1}{\sqrt{(1-\eta^2)^2 + 4D^2\eta^2}} - \frac{2}{\sqrt{(1-\eta^2)^2 + 4D^2\eta^2}} \sin\left(90^0 - \arctan\frac{2D\eta}{1-\eta^2}\right)$$

Gleichung 3-45

Die Eigenkreisfrequenz des Helmholtz-Resonators lässt sich nach Büchner [13] wie folgt beschreiben [13].

$$\omega_0 = c_0 \sqrt{\frac{A_{Ar}}{V_{Bk}\, L_{Ar}}}$$

Gleichung 3-46

In Abbildung 3-7 bis Abbildung 3-10 sind sowohl nach dem vorgestellten Modell berechnete als auch experimentell bestimmte, dämpfungsbehaftete Amplitudenverhältnisse und Phasenwinkel der periodisch instationären Brennkammerein- und ausströmung, sowie der Druckschwankung in Abhängigkeit der dimensionslosen Anregungsfrequenz $\eta = \omega/\omega_0$ dargestellt [13].

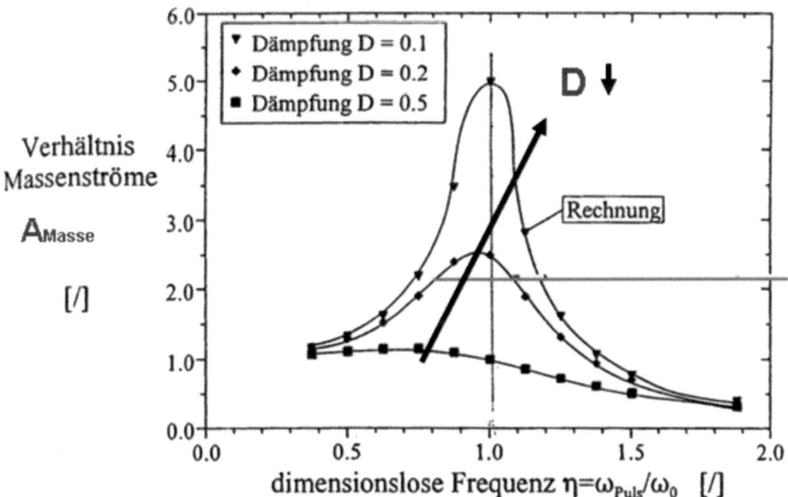

Abbildung 3-7 Dämpfungsbehaftete entdimensionierte Amplitudenfrequenzgänge A_{Masse} [13]

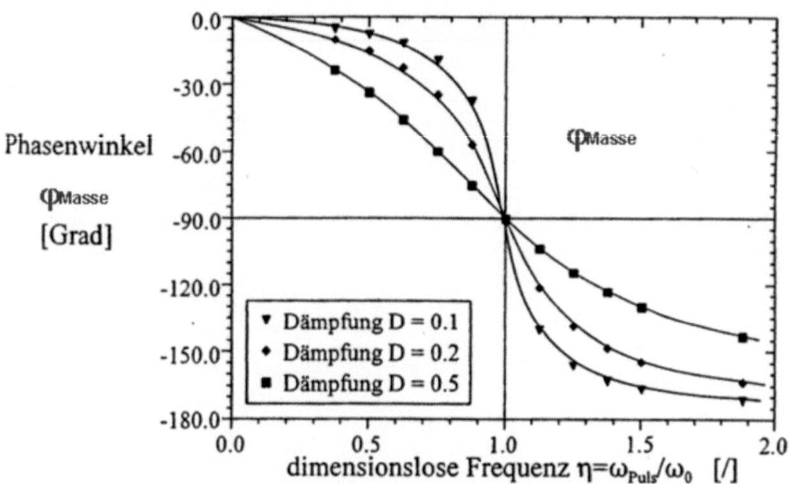

Abbildung 3-8 Dämpfungsbehaftete Phasenfrequenzgänge φ_{Masse} [13]

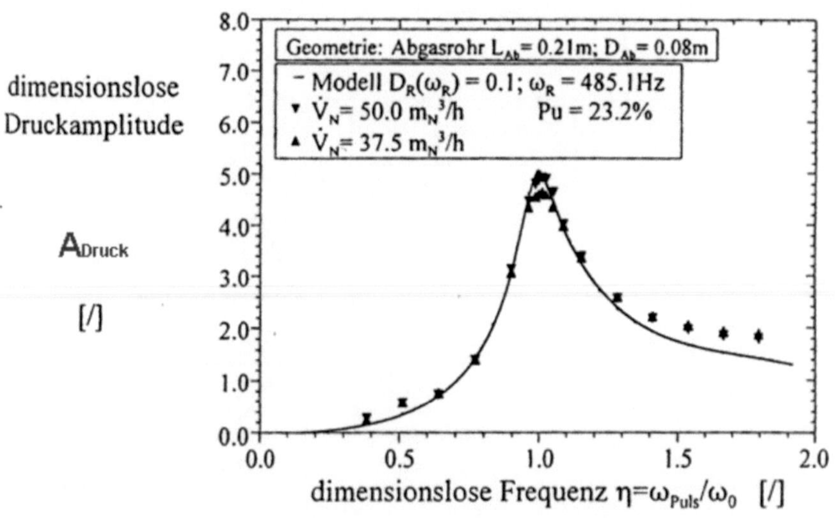

Abbildung 3-9 Dämpfungsbehaftete entdimensionierte Amplitudenfrequenzgänge
A_{Druck} [13]

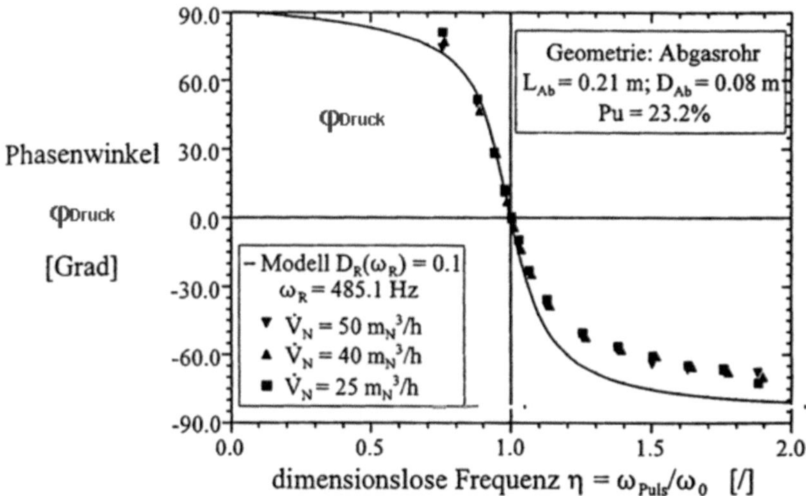

Abbildung 3-10 Dämpfungsbehaftete Phasenfrequenzgänge φ_{Druck} [13]

Gemäß den Überlegungen in Kapitel 2.2 ist das Schwingungsverhalten eines Verzögerungsgliedes 2. Ordnung und somit eines linearen, gedämpften und fremderregten, mechanischen Schwingers zu erkennen. Demnach nimmt mit zunehmender Dämpfung die resonanzbedingte Überhöhung des Verhältnisses der Massestromamplituden unter gleichzeitiger Verbreiterung des Resonanzgebietes ab.

Die dimensionslose Resonanzfrequenz η_R verschiebt sich hin zu Werten kleiner 1. Demnach weicht nach Magnus, Popp [46] und Büchner [13] die Resonanzfrequenz ω_R mit zunehmendem Dämpfungsparameter D weiter von der Resonanzfrequenz des ungedämpften Schwingers ω_0 ab (Gleichung 3-47).

$$\omega_R = \omega_0 \cdot (1 - 2D^2) \qquad \text{Gleichung 3-47}$$

Die Phasendifferenzwinkel $\varphi_{Druck}(\omega)$ und $\varphi_{Masse}(\omega)$ (Abbildung 3-8 und Abbildung 3-10) umfassen jeweils insgesamt 180°, wobei der Wendepunkt unabhängig von der Stärke der Schwingungsdämpfung stets bei $\eta = 1$ liegt.

Der Ausdruck der Federsteifigkeitsparameter C = c/m lässt sich gemäß Kapitel 2.2 und Gleichung 3-46 wie folgt für den Helmholtz-Resonator beschreiben:

47

$$C = c / m = \omega_0^2 = c_0^2 \; \frac{A_{Ar}}{V_{Bk}\, L_{Ar}} \qquad [1/s^2] \qquad\qquad \text{Gleichung 3-48}$$

Für den dimensionslosen Ausdruck des Dämpfungsparameters D, welcher die gesamte Komplexität der Schwingungsdämpfung in der zugrunde liegenden vollturbulenten, periodisch instationären Grenzschichtströmung des Abgasrohres beinhaltet, konnte Büchner [13] einen analytischen Ausdruck ableiten. Unter Berücksichtigung der detaillierten Lösung der periodisch instationären Plattengrenzschichtströmung [91] ergibt sich demnach der Dämpfungsparameter D zu:

$$\overline{D} = \sqrt{2} \; \frac{\sqrt{\nu_{Rg}}\; \sqrt{\omega}}{d_{Ar}\, \omega_0} \qquad\qquad \text{Gleichung 3-49}$$

Mit Gleichung 3-46 lässt sich somit die folgende Proportionalität formulieren:

$$\overline{D}(\omega) \sim \frac{L_{Ar}}{d_{Ar}} \; \frac{\sqrt{\nu_{Rg}}}{c_0} \; \sqrt{\omega} \left(\frac{V_{Bk}}{A_{Ar}\, L_{Ar}} \right)^{1/2} \qquad\qquad \text{Gleichung 3-50}$$

Damit lässt sich für den Resonanzfall $\omega=\omega_R$ aus Gleichung 3-47 und Gleichung 3-50 das folgende Skalierungsgesetzt des Dämpfungsparameters D in Abhängigkeit der Geometrie des Abgasrohres, des Brennkammervolumens, der Rauchgastemperatur und des mittleren Brennkammerdruckes [13, 19, 121] ableiten (Gleichung 3-51). Die Gültigkeit dieser Skalierungsvorschrift ist in der Literatur für unterschiedliche technische Anwendungskonfigurationen des Helmholtz-Resonators gezeigt [12, 13, 15, 16, 17, 19, 92, 121].

$$\frac{\overline{D}(\omega_R)}{\overline{D}(\omega_{R,0})} = \sqrt{\frac{\overline{p}_{Bk,0}}{\overline{p}_{Bk}}} \sqrt{\frac{T}{T_0}} \left(\frac{d_{Ar,0}}{d_{Ar}} \right)^{3/2} \left(\frac{L_{Ar}}{L_{Ar,0}} \right)^{1/4} \left(\frac{V_{Bk}}{V_{Bk,0}} \right)^{1/4} \left(\frac{1-2D^2}{1-2D_0^2} \right)^{1/4} \qquad \text{Gleichung 3-51}$$

Für den Fall der Hochdruckanwendung in technischen Verbrennungssystemen, wie der stationären Gasturbine gemäß Abbildung 3-5, wird die Modellvoraussetzung mäßiger Strömungsgeschwindigkeiten im Resonatorhals verletzt. Für Gasturbinen ist dies in den angrenzenden Hochtemperaturturbinenstufen, in denen Strömungsgeschwindigkeiten bis hin zur Schallgeschwindigkeit erreicht werden, der Fall [3].

Gassäulen unter solchen Bedingungen oder in Hochgeschwindigkeitsdüsen sind nicht zu Schwingungen im Sinne des Helmholtz-Resonators fähig (periodische Strömungsumkehr im Abgasrohr), denn periodische Störungen in einer solchen Düse könnten den Brennkammerdruck stromauf in der Brennkammer nicht in dem Maße modulieren, dass es im Sinne des in Kapitel 3.1 beschriebenen Rückkopplungskreis zu einer periodischen Verstärkung der Massestromschwankung am Brennermund käme. Zwischen dem Querschnittssprung am Ende der Brennkammer mit dem Abgasrohr und den Hochgeschwindigkeitsbauteilen (1. Turbinenstufe) befindet sich i.d.R. ein anlagenspezifisches Volumen V_A.

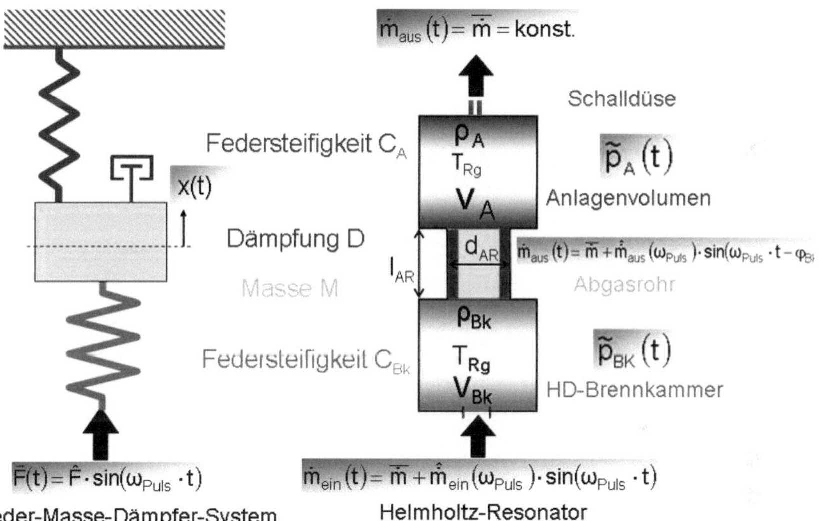

Abbildung 3-11 Analogie eines mechanischen Feder – Masse – Dämpfer Schwingers und eines fluiddynamischen Helmholtz-Resonators unter erhöhtem Druck

Abbildung 3-11 zeigt diese Konfiguration für **erhöhten Betriebsdruck** schematisch dem entsprechenden Feder-Masse-Dämpfer-Analogon [13, 46] gegenübergestellt. Gemäß Gleichung 2-32, Gleichung 3-46 und Gleichung 3-48 lässt sich allgemein die entsprechende Differentialgleichung des einfachen Helmholtz-Resonators für den in Abbildung 3-11 gezeigten Fall mit angeschlossenem Anlagenvolumen V_A und anschließender Schalldüse wie in Gleichung 3-52 formulieren.

$$m\ddot{x} + d\dot{x} + c_{ges}\, x = f(t) \quad \text{mit}$$

$$C_{ges} = c_{ges}/m = (c_{Bk} + c_A)/m =$$

Gleichung 3-52

$$= \omega_{ges,0}{}^2 = \omega_{Bk,0}{}^2 + \omega_{A,0}{}^2 = c_0{}^2 \frac{A_{Ar}}{L_{Ar}}\left(\frac{1}{V_{Bk}} + \frac{1}{V_A}\right)$$

Es lassen sich für ein solches System 3 Fälle identifizieren.

Fall 1: Das Anlagenvolumen ist sehr viel größer als das Brennkammervolumen ($V_A \gg V_{Bk}$). Damit ist die „Federsteifigkeit" der Brennkammer viel größer als die des Anlagenvolumens ($C_{Bk} \gg C_A$) und das Schwingungsverhalten des Systems lässt sich mit dem Modell des einfachen Helmholtz-Resonators mit $C_{ges} = C_{Bk}$ beschreiben. Demnach gilt für die Eigenkreisfrequenz $\omega_{ges,0}$ des Systems vereinfachend Gleichung 3-46.

Fall 2: Das Anlagenvolumen ist sehr viel kleiner als das Brennkammervolumen ($V_A \ll V_{Bk}$). Damit ist die „Federsteifigkeit" der Brennkammer viel kleiner als die des Anlagenvolumens ($C_{Bk} \ll C_A$). Dadurch ist jedoch eine Schwingung der Masse im Resonatorhals nicht möglich. Das System ist kein Helmholtz-Resonator, sondern zeigt u.U. das Schwingungsverhalten eines ½- oder ¼-Wellenresonators gemäß Kapitel 3.2.1.

Fall 3: Das Anlagenvolumen ist ungefähr gleich dem Volumen der Brennkammer ($V_A \cong V_{Bk}$). Damit ist die „Federsteifigkeit" der Brennkammer ungefähr gleich der des Anlagenvolumens ($C_{Bk} \cong C_A$). Damit müssen beide Volumina berücksichtigt werden und es gilt allgemein Gleichung 3-52. Demnach gilt für die Eigenkreisfrequenz $\omega_{ges,0}$ des Systems Gleichung 3-53.

$$\omega_{ges,0}{}^2 = (2\pi f_0)^2 = c_0{}^2 \frac{A_{Ar}}{L_{Ar}}\left(\frac{1}{V_{Bk}} + \frac{1}{V_A}\right) \qquad \text{Gleichung 3-53}$$

Allen drei Fällen gemein ist jedoch, im Gegensatz zu einem System aus Koppelschwingern [17, 46], das Vorhandensein nur einer Systemeigenkreisfrequenz $\omega_{ges,0}$. Der Dämpfungsparameter D ist insofern von diesen Überlegungen betroffen, als dass er gemäß Gleichung 3-49 und Gleichung 3-52 von der Eigenkreisfrequenz und damit vom Resonatorvolumen abhängt. Die prinzipielle Abhängigkeit des gedämpften, einfachen Helmholtz-Resonators vom mittleren Brennkammerdruck kann mit Gleichung 3-51 beschrieben werden.

Es wird damit deutlich, dass für die Untersuchung und Vorhersage des Resonanzverhaltens einer Brennkammer im Rückkopplungskreis Brenner-Flamme-Brennkammer sowohl der Typ des Resonators als auch dessen „geometrische Einbettung" in die Gesamtanlage zu identifizieren sind.

3.3 Bedeutung des Brennerplenums im Rückkopplungskreis Brenner – Flamme – Brennkammer

Büchner [13] beschreibt das Übertragungsverhalten von Vormischbrennern mit relativ zum Brennkammervolumen kleinem Brennerplenum als frequenzunabhängig näherungsweise trägheitsfrei. D.h. der Phasendifferenzwinkel $\varphi_{\dot{m}_{ein}-p_{Bk}} = 180^0$ ist im gesamten, für das Auftreten von selbsterregten periodischen Verbrennungsinstabilitäten relevanten Frequenzbereich bis hin zu wenigen hundert Hertz, konstant.

Einige Ausführungen von industriell eingesetzten Vormischdrallbrennern sind in Abbildung 3-12 dargestellt. Alle Varianten gemein ist u.a. das kleine Brennerplenum, d.h. das kleine Anlagenvolumen stromauf des eigentlichen Brennermunds.

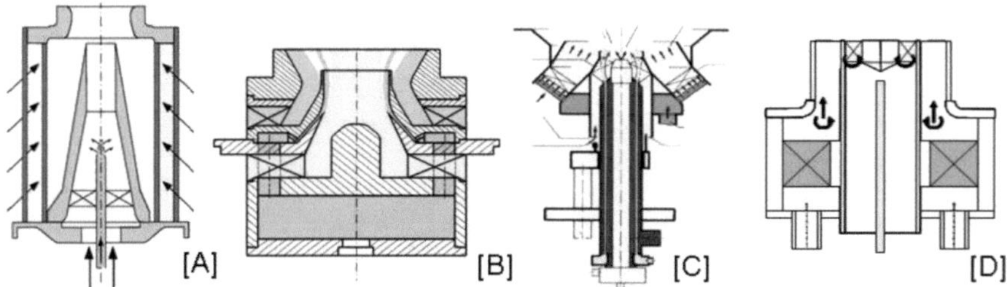

Abbildung 3-12 Schematische Darstellung technischer Vormischdrallbrenner (Quelle: A - [104], B - [124], C - [103], D - [32])

Um die Übertragbarkeit von Forschungsergebnissen auf reale technische Konzepte zu gewährleisten, erscheint es sinnvoll, in die Entwicklung eines Versuchsbrenners zu Forschungszwecken möglichst viele der Eigenschaften realer Brennersysteme einfließen zu lassen. Dies sind v.a. der Einsatz eines Pilotbrenners, Drallstabilisierung der Hauptflamme, doppelkonzentrische Anordnung von Haupt- und Pilotflamme, Vormischbetrieb von Haupt- und Pilotflamme und eben ein relativ kleines Brennerplenum.

Da aus Sicherheitsgründen das Brennerplenum von technischen Brennersystemen, wie auch bei den Versuchsträgern dieser Arbeit i.d.R. möglichst klein gehalten ist, stellt sich dieses Übertragungsverhalten, wie zu erwarten, auch für die in Kapitel 4.2 vorgestellten Versuchsbrenner ein. Der Einfluss im relevanten Frequenzbereich resonanzfähiger Brennerkonfigurationen ist in diversen Publikationen ausführlich beschrieben [13, 17, 19] und soll daher in der vorgelegten Arbeit nicht weiter thematisiert werden.

3.4 Die Flamme im Rückkopplungskreis des Verbrennungssystems

Gemäß Kapitel 3.1 ist es im beschriebenen Rückkopplungskreis eines Vormischverbrennungssystems die Flamme, die durch eine periodische Schwankung der momentanen, flammenintegralen Wärmefreisetzungsrate $\dot{Q}_{th}(t)$ dem System die zur Selbsterhaltung der Schwingung benötigte Energie zuführt. Geschieht dies nach den beschriebenen Stabilitätskriterien mit hinreichend hoher Amplitude und geeigneter Phasenlage, so kommt es zu einer selbsterregten, selbsterhaltenden Flammen-/ Druckschwingung im System Brenner- Flamme- Brennkammer. Die dynamischen Charakteristiken von Vormischflammen, sowie ein Modell zu deren Erklärung, Voraussage und Skalierung werden in den folgenden Kapiteln beschrieben [12, 13, 14].

3.4.1 Periodisch instationäre Verbrennungsprozesse

Kühlsheimer [24, 25] gibt einen umfassenden Überblick zum Auftreten von Strömungsphänomenen in pulsierenden Strahlströmungen. Hierbei wird darauf hingewiesen, dass die Bildung von Ringwirbelstrukturen beim instationären Ausströmen eines Fluidvolumens aus Blenden-, Düsen- oder Rohröffnungen bereits seit über hundert

52

Jahren Thema zahlreicher Untersuchungen ist. Demnach gehen die ersten diesbezüglichen Forschungsarbeiten auf grundlegende Beobachtungen von Instabilitätsphänomenen an Freistrahlen und die Entstehung von Wirbeln in der freien Scherschicht zurück [105, 106, 107, 108]. Die erste Visualisierung der Ringwirbelbildung und deren Bewegung konnte beim plötzlichen Ausschieben des Arbeitsmediums aus einem Zylinder mittels eines Kolbens realisiert werden [109, 110].

Wie in Kapitel 3.1 erläutert, wird der geschlossene Rückkopplungskreis eines einfachen Vormischverbrennungssystems dadurch geschlossen, dass eine periodische Schwankung des statischen Brennkammerdruckes, hervorgerufen durch eine periodische Instationarität der momentanen, flammenintegralen Wärmefreisetzungsrate, ihrerseits eine periodische Modulation des Brennermassestroms hervorruft. Wohingegen diese Massestromschwankung wiederum eine periodische Schwankung der Wärmefreisetzungsrate verursacht. Dabei kann eine zeitliche Änderung der momentanen, flammenintegralen Wärmefreisetzungsrate $\dot{Q}_{th}(t)$ nur durch eine zeitperiodische Änderung der Reaktionsfläche, also der Flammengeometrie vonstatten gehen [13].

Diese zeitliche Änderung der Reaktionsfläche der Vormischflamme kann unter den zuvor beschriebenen Bedingungen auf zwei Arten auftreten [12, 13, 111]. Im ersten, dem quasi-stationären Fall, ändert sich die Flammengeometrie der periodisch oszillierenden Flamme stets geometrisch ähnlich zu der stationären, turbulenten Flamme. Damit entspricht jede momentane Flamme in der Zeitperiode T_P einer stationären Flamme gleichen Typs, mittlerer momentanen thermischer Leistung und momentanen Luftzahl, bei gleichem Brennkammerdruck und konstanter Vormischtemperatur. Im Gegensatz dazu werden bei vollausgebildeten Druck-/ Flammenschwingungen in feuerungstechnisch relevanten Brennkammern sich periodisch bildende Ringwirbelstrukturen beobachtet, die kein quasi-stationäres, dynamisches Verhalten zeigen und - wie nachfolgend beschrieben - den maßgeblichen Mechanismus zur Anregung und Erhaltung niederfrequenter, periodischer Verbrennungsinstabilitäten über den gesamten thermischen Leistungsbereich von technischen Feuerungsanlagen bilden [12, 13, 20, 24, 25].

Abbildung 3-13 zeigt gegenüberstellend die quasi-stationäre und die unter Bildung von Ringwirbeln pulsierende Flamme, wobei die Phasenlage bei der Bildaufnahme jeweils „eingefroren" wurde. Die Aufnahmetechnik entspricht dabei der in Kapitel 3.4 und 4.3 nach [12, 13, 20, 24] beschriebenen OH*-Strahlungsmesstechnik.

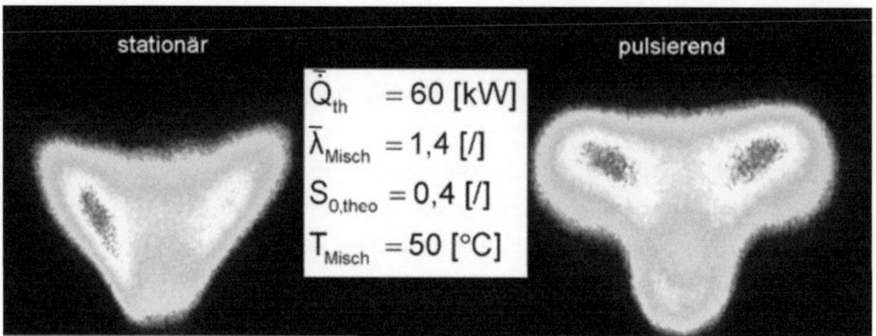

Abbildung 3-13 Vergleich quasi-stationäre und pulsierende Vormischdrallflamme unter atmosphärischen Druckbedingungen [112]

Nachdem bei der Bildung der Ringwirbelstruktur am Brennermund sowohl Brennstoff/Luft-Frischgemisch als auch heißes Abgas in den Wirbel eingeschlossen wird, vermischt sich dieses Abgas/Frischgas-Gemisch, bedingt durch die sehr hohen Turbulenzintensitäten innerhalb des Ringwirbels, sehr schnell und reagiert bei Überschreiten der Zündtemperatur impulsartig ab.

Die Größe der Ringwirbelstruktur und damit das Volumen des darin eingeschlossenen Brennstoffes hängt bei der vom System vorgegebenen Frequenz direkt von der Amplitude der Druckschwankung in der Brennkammer ab, was zur Folge hat, dass das Ringwirbelvolumen mit zunehmender Stärke der Druckschwingung zunimmt.

Diese Art der Selbstverstärkung führt dazu, dass bereits nach wenigen Schwingungszyklen eine vollausgebildete Druck-/Flammenschwingung vorliegt, die in ihrer Amplitude durch reibungsbedingte Dämpfungseffekte der Brennkammer sowie potentiell vor- und nachgeschalteter Anlagenteile gemäß 3.2.2 begrenzt ist.

Abbildung 3-14 zeigt die beschriebenen quasi-stationären und periodisch, instationären Formen der periodischen Wärmefreisetzung in der Vormischflamme.

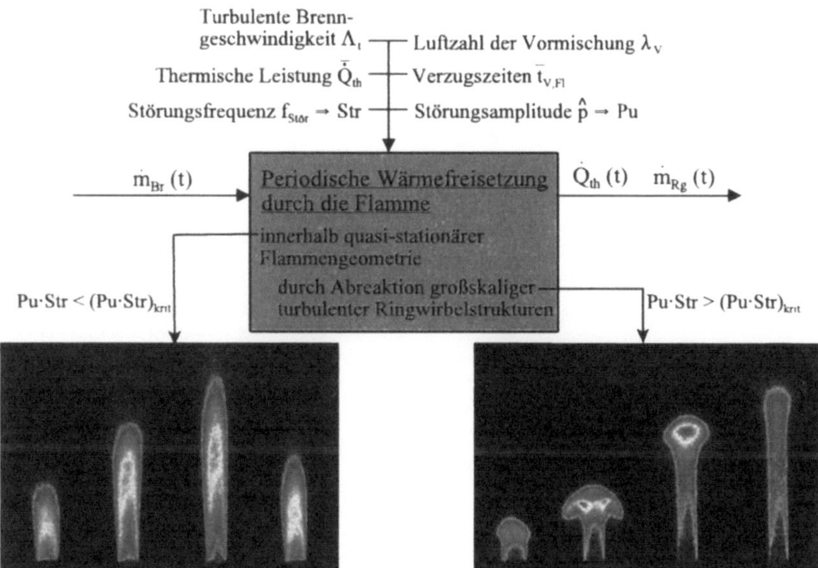

Abbildung 3-14 Änderung der Vormischflammen-Geometrie bei zeit-periodischer Schwankung der Brennerausströmung [24]

Aus Untersuchungen von Büchner und Kühlsheimer [12, 13, 24, 25] wurden zwei dimensionslose Kennzahlen abgeleitet, die zusammen das Auftreten periodischer Ringwirbelstrukturen in pulsierenden Strahlströmungen festlegen. Das Amplituden/-Mittelwert- Verhältnis des Massestroms am Brenneraustritt wird durch den Pulsationsgrad Pu nach Gleichung 2-19 repräsentiert.

$$Pu = \frac{\hat{\dot{m}}_{d,rms}}{\bar{\dot{m}}_d} = \frac{\hat{u}_{d,ax,rms}}{\bar{u}_{d,ax,vol}}$$

Gleichung 3-54

Die zweite dimensionslose Kennzahl ist die Strouhalzahl Str. Im Allgemeinen charakterisiert die Strouhalzahl instationäre Strömungsvorgänge und wird durch den Quotienten aus instationären und stationären Trägheitstermen der Navier-Stokes-Gleichung gebildet [37]. Für den vorliegenden Fall der Ausströmung am Brennermund lässt sich die Strouhalzahl aus der Anregungs- oder Schwingungsfrequenz $f_{Puls} = \omega_{Puls}/2\pi$, der volumetrisch gemittelten Geschwindigkeit $\bar{u}_{vol,ax}$ am Brennermund in axialer Richtung und dem zur Austrittsfläche äquivalenten Austrittsdurchmesser $d_{äq}$ nach Gleichung 3-55 bestimmen [13, 20].

$$Str = \frac{f_{Puls}\, d_{äq}}{\overline{u}_{ax,vol}}$$

Gleichung 3-55

Es bilden sich Ringwirbelstrukturen, sobald das Produkt aus beiden Kennzahlen einen kritischen Wert C überschreitet, welcher von der Strömungsform (Axialstrahl, Drallstrahl, Ringspaltströmung) abhängt [13].

$$Pu \cdot Str \geq (Pu \cdot Str)_{krit} = \left(\frac{\hat{u}_{ax,rms}}{\overline{u}_{ax,vol}} \cdot \frac{f_{Puls}\, d_{äq}}{\overline{u}_{ax,vol}} \right)_{krit} = C$$

Gleichung 3-56

Abbildung 3-15 zeigt die typische hyperbolische Abnahme des kritischen Pulsationsgrades $Pu_{krit} \sim 1/Str_{krit}$ mit steigender Strouhalzahl [13, 24].

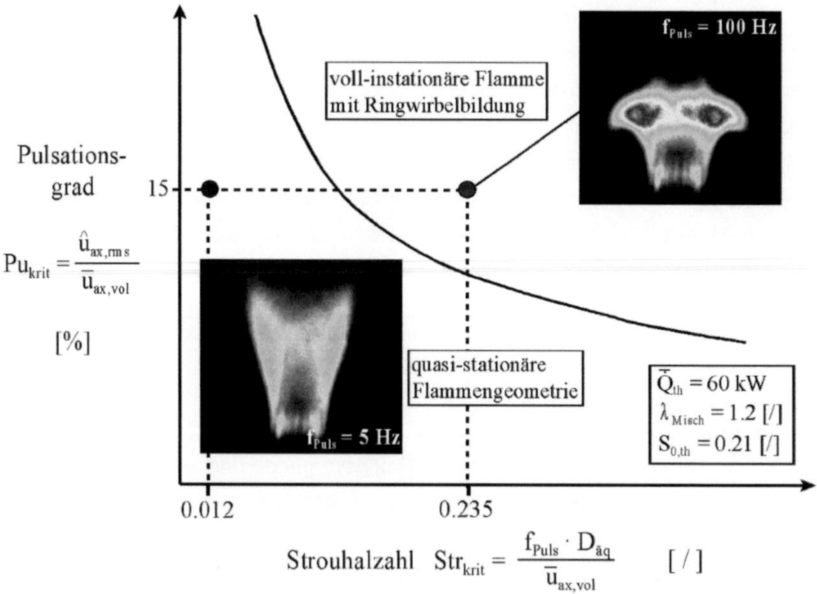

Abbildung 3-15 Periodische Ringwirbelbildung in pulsierten Vormischflammen [13]

3.4.2 *Flammenfrequenzgänge und das Modell des idealen Totzeitgliedes*

Da die zeitliche Änderung der integralen Wärmefreisetzungsrate $\dot{Q}_{th}(t)$ der Flamme im Rückkopplungskreis des schwingenden Verbrennungssystems als Schwingungsinitiator und „Energielieferant" zur Deckung der reibungsbedingten Verluste der Gassäulen-/Druckschwingung in der Brennkammer angesehen werden muss [13], ist es notwendig, den frequenzabhängigen Reaktionsumsatz von technischen Verbrennungssystemen messtechnisch zu erfassen [11, 12, 13, 14, 18, 21, 22, 23, 25, 113, 114] und mathematisch zu beschreiben [12, 13].

Wie von Büchner [12] erstmals gezeigt, entspricht die komplexe Übertragungsfunktion $F(j\omega)$ turbulenter, vorgemischter Flammen dem regelungstechnischen Modell des idealen Totzeitgliedes, wobei die konstante Totzeit T_t der in Kapitel 3.4.3 näher erläuterten flammeninternen Gesamtverzugszeit $\bar{t}_{V,Fl}$ entspricht. Die Phasenfunktion $\varphi_{TZG}(T_t, f_{puls})$ wird durch Gleichung 3-57 beschrieben [12, 115] und ist in Abbildung 3-16 allgemein als Funktion der mit der Totzeit normierten Frequenz dargestellt.

$$\varphi_{TZG} = -T_t \cdot f_{Puls} \cdot 360^0 \qquad\qquad \text{Gleichung 3-57}$$

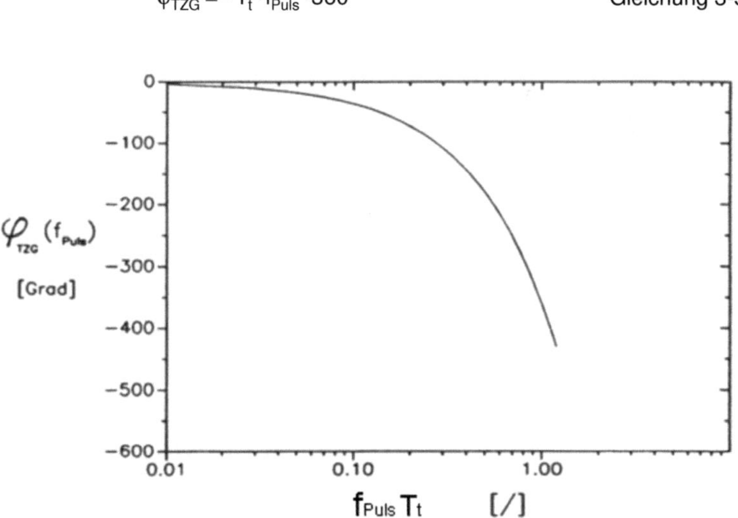

Abbildung 3-16 Normierte Phasenfunktion eines idealen Totzeitgliedes [12, 115]

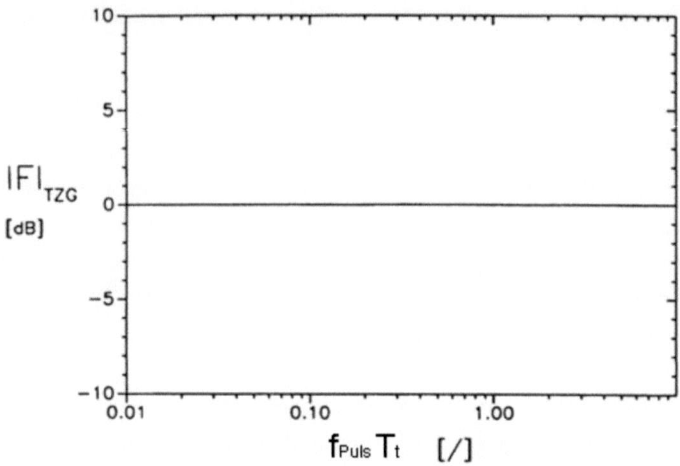

Abbildung 3-17 Normierter Betragsfrequenzgang eines idealen Totzeitgliedes [12, 115]

Der prinzipielle Betragsfrequenzgang $|F|$ eines idealen Totzeitgliedes ist in Abbildung 3-17 dargestellt und weist keine Dämpfung über dem gesamten Frequenzbereich auf.

Ein von Büchner [12] entwickeltes Verfahren zur messtechnischen Erfassung der komplexen, frequenzabhängigen und flammenintegralen Übertragungsfunktion $F(j\omega)$ von pulsierenden Vormischflammen soll im Folgenden vorgestellt werden und ist in Abbildung 3-18 schematisch dargestellt.

Hierbei bildet die durch eine Pulsationseinheit aufgeprägte, in Frequenz und Amplitude frei modulierbare und mittels CTA - Hitzdrahtanemometrie detektierte Massestromschwankung am Brennermund $\dot{m}_d(t)$ die Systemanregung. Die Systemantwort der Flamme in Form der integralen, periodischen Wärmefreisetzungsrate wird durch Detektion der OH*-Chemilumineszenz der Flamme, durch einen Photomultiplier mit vorgeschaltetem Interferenzfilter ($\lambda_{Strahlung}=307\,nm$) vorgenommen. Durch die zeitparallele Messung und Korrelation der die Systemanregung und -antwort repräsentierenden Signale kann die komplexe Flammenfrequenzgangsfunktion erfasst und in Betrags- und Phasenfrequenzgang ($|F_{Fl}(f_{Puls})|$, $\varphi_{Fl}(f_{Puls})$), zerlegt werden [12, 13].

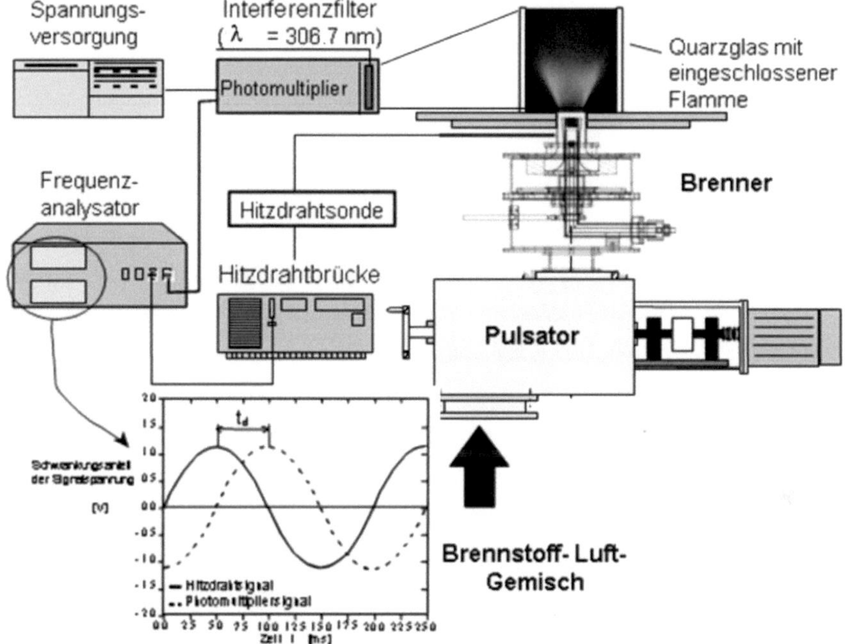

Abbildung 3-18 Schematische Darstellung zur Untersuchung des frequenzabhängigen Reaktionsumsatzverhaltens zwangserregter Vormischflammen
(Flammentransferfunktionen) [13]

Demnach ergibt sich für die Definitionsgleichung des Betragsfrequenzgangs mit den
erfassten Messgrößen [12]:

$$|F_{Fl}(f_{Puls})| = 20 \cdot \log\left(\frac{\hat{\dot{m}}_{Rg,rms}(f_{Puls})}{\hat{\dot{m}}_{d,rms}(f_{Puls})}\right) = 20 \cdot \log\left(\frac{\dfrac{\hat{U}_{OH,rms}(f_{Puls})}{\hat{U}_{OH,rms}(f_{Ref})}}{\dfrac{\hat{u}_{d,rms}(f_{Puls})}{\hat{u}_{d,rms}(f_{Ref})}}\right) \qquad \text{Gleichung 3-58}$$

Dabei werden zur Erfüllung der regelungstechnischen Normierbedingung des dimensionslosen Betragsfrequenzgangs die frequenzabhängigen Amplituden der Photomultiplierspannung $\hat{U}_{OH,rms}(f_{Puls})$ und der Geschwindigkeit $\hat{u}_{d,rms}(f_{Puls})$ mit ihren quasi
- stationären Referenzwerten bei der Frequenz $f_{Ref} = 10\,Hz$ entdimensioniert. Dem-
nach gilt für die Normierungsbedingung, dass im Grenzfall einer verschwindenden

Anregungsfrequenz $f_{Puls} \to 0$ sich alle Flammeneigenschaften wie die einer stationären Flamme verhalten.

$$\lim_{f_{Puls} \to 0} |F_{Fl}| = 0 \, dB_{rms}$$ Gleichung 3-59

Neben dem Betragsfrequenzgang $|F_{Fl}(f_{Puls})|$ kann aus den erhaltenen Messdaten auch der Phasenwinkel zwischen Systemanregung und Flammenantwort $\varphi_{Fl}(f_{Puls})$ ermittelt und als Funktion der Pulsationsfrequenz dargestellt werden. Der Phasenwinkel kann mit Hilfe der ermittelten frequenzabhängigen, flammeninternen Gesamtverzugszeit $\bar{t}_{V,Fl}$ gemäß Gleichung 3-60 dargestellt werden [12].

$$\varphi_{Fl}(f_{Puls}) = -\bar{t}_{V,Fl} \cdot f_{Puls} \cdot 360^0$$ Gleichung 3-60

Im Folgenden sollen die auf diese Weise ermittelten Charakteristika von Flammenfrequenzgangsmessungen an vorgemischten Axialstrahl- und Drallflammen diskutiert werden [12, 13, 20, 24]. Abbildung 3-19 zeigt die von Kühlsheimer [24] vorgestellte, schematische Darstellung des Betragsfrequenzganges von technischen Vormischflammen.

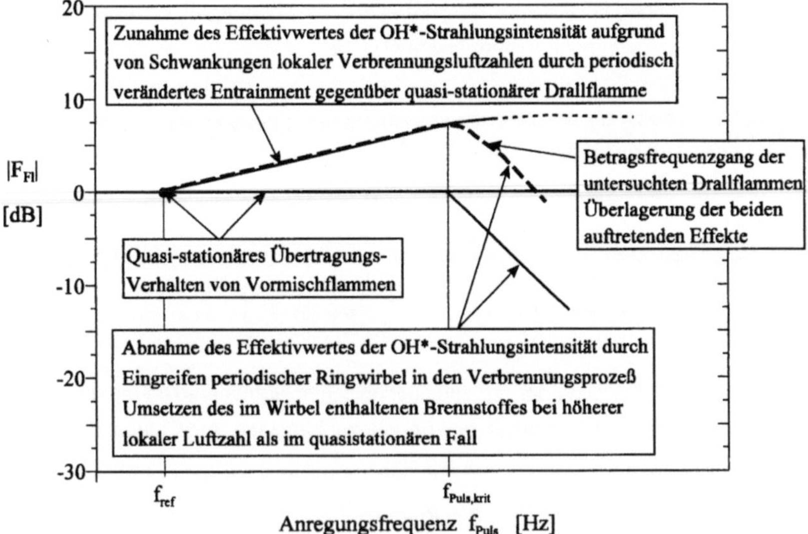

Abbildung 3-19 Modellvorstellung zum Übertragungsverhalten pulsierter Vormisch-Drallflammen [24]

Es fällt auf, dass im Falle vorgemischter **Axialstrahlflammen** bis hin zu einer kritischen Frequenz f_{krit}, der Betragsfrequenzgang als quasi-stationär und im regelungstechnischen Sinne als nicht frequenzabhängig gedämpft angesehen werden kann. Nach Überschreiten dieser kritischen Frequenz ist ein Abfall der Betragsfrequenzgangsfunktion zu erkennen. Gemäß Gleichung 3-58 kann dieses Verhalten bei konstantem Pulsationsgrad Pu nur durch einen Rückgang der Effektivwerte der Strahlungsintensität der angeregten OH*-Radikale mit zunehmender Anregungsfrequenz erklärt werden. Dieses Phänomen wird von Büchner und Kühlsheimer [12, 24, 25] ausführlich diskutiert. Demnach kommt es ab dieser kritischen Frequenz zur Bildung von in Kapitel 3.4.1 beschriebenen Ringwirbelstrukturen. Der pro Schwingungsperiode einmalig erzeugte Ringwirbel rollt danach bei seiner Bildung Strahlmedium, also ungezündetes Brenngas-/Luftgemisch mit definierter Zusammensetzung λ_{Misch} und Umgebungsmedium in den Wirbel ein. Im freibrennenden Fall ohne Brennkammer kann dies Umgebungsluft sein. Für die in eine Brennkammer eingeschlossene Flamme bedeutet dies eine Einsaugung von durch die Brennkammerwände abgekühltem Rauchgas. Der vollständige Umsatz des Verbrennungsmediums erfolgt also bei vergleichbar höherer Luftzahl beziehungsweise unter Einsaugung von inertem Rauchgas.

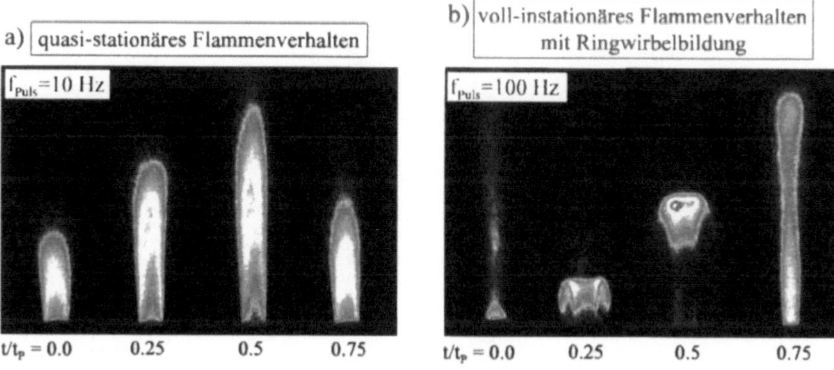

Abbildung 3-20 Phasenkorrelierte Bildaufnahmen der OH*-Strahlungsemission pulsierter, freibrennender Axialstrahlflammen a) quasi-stationäres b) voll-instationäres Verhalten [24]

Dies hat eine Erniedrigung der effektiven Verbrennungstemperatur zur Folge und bewirkt aufgrund der stark nicht-linearen Temperaturabhängigkeit der OH*-Strahlungsintensität einen Rückgang derselben und damit des Photomultipliersignals

$\hat{U}_{OH,rms}(f_{Puls} > f_{krit})$ bei größer werdenden Frequenzen jenseits der kritischen Frequenz f_{krit} [12, 13]. Abbildung 3-20 zeigt gegenüberstellend das quasi-stationäre und voll-instationäre Verhalten von Axialstrahlflammen [24, 25].

Für den Betragsfrequenzgang von vorgemischten **Drallflammen** fällt in Abbildung 3-19 auf, dass der zuvor beschriebene quasi-stationäre Frequenzbereich ab einer kritischen Frequenz, ab der es zur Bildung von Ringwirbelstrukturen kommt, abgesehen von dem definitionsgemäß quasi-stationären Arbeitspunkt $|F_{Fl}(f_{Puls} = f_{Ref})| = 0\,dB$, nicht existiert. Vielmehr steigt der Betragsfrequenzgang bis hin zu dieser kritischen Frequenz stetig an. Nur eine periodische Schwankung der effektiv vorliegenden, momentanen, lokalen Luftzahl des reagierenden Gemisches, die durch Behinderung und Verstärkung des zusätzlichen Entrainments von Umgebungsmedium bei Drallflammen hervorgerufen wird, kann ein solches Ansteigen der bezogenen OH*-Strahlungsintensitätsschwankungen gegenüber der bezogenen Massestromschwankungen (Gleichung 3-58) erklären [12, 13, 14, 116]. Diese periodischen, lokalen Verbrennungsluftzahlschwankungen liegen in der Reaktionszone von Vormischdrallflammen zu unterschiedlichen Zeitpunkten der Schwingungsperiode vor.

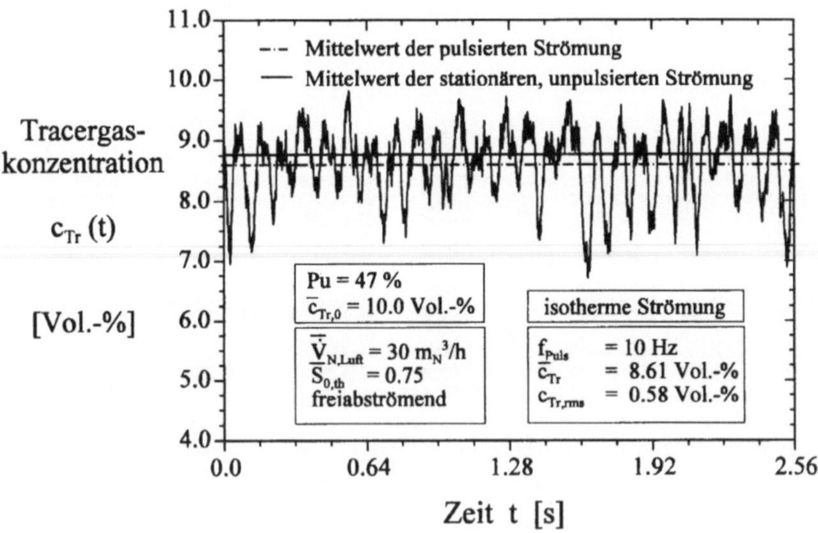

Abbildung 3-21 Zeitlicher Verlauf der Gemischzusammensetzung in der Rezirkulationszone einer frei abströmenden, pulsierten Drallströmung [13, 116]

Dieser Effekt der periodischen Änderung der Menge an eingesaugtem Umgebungsmedium wurde anhand von Untersuchungen zum periodisch instationären Einmischverhalten von pulsierten Drallströmungen identifiziert. Abbildung 3-21 zeigt den zeitlichen Verlauf der Gemischzusammensetzung in der Rezirkulationszone einer frei abströmenden, pulsierten Drallströmung. Eine weitere Zunahme der Anregungsfrequenz führt zu einer Abnahme des Betragsfrequenzganges, was analog zum Rückgang bei Axialstrahlflammen, wie zuvor erläutert, durch das Eingreifen periodischer
Ringwirbelstrukturen zu erklären ist. Abbildung 3-22 zeigt gegenüberstellend phasenkorrelierte Bildaufnahmen pulsierter voll-instationärer und quasi-stationärer Vormisch-Drallflammen [24].

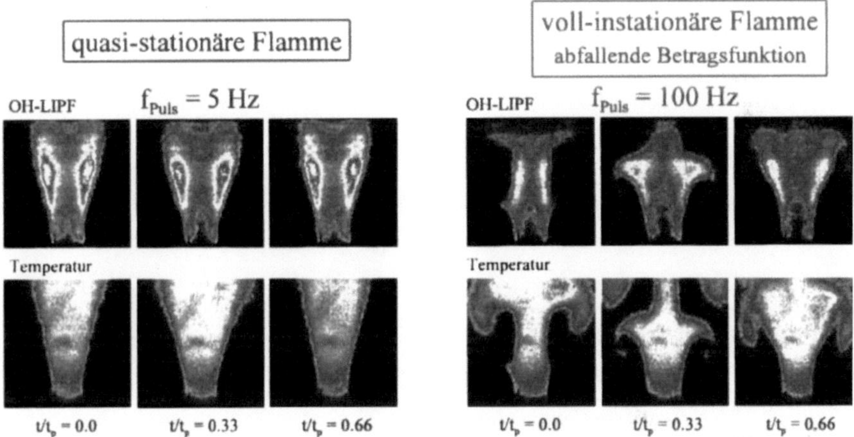

Abbildung 3-22 Phasenkorrelierte Bildaufnahmen der OH*-Molekül-(OH-LIPF)- und
Temperaturverteilung (Rayleigh-Streuung) freibrennender, pulsierter
Vormischflammen [24]

Der Betragsfrequenzgang ist also durch periodische Entrainmentschwankungen, periodischen Ringwirbelbildung und die Überlagerung beider Effekte gekennzeichnet.
Es ist daher davon auszugehen, dass die sich einstellende kritische Frequenz f_{krit},
die durch das Maximum der Betragsfunktion einer Drallflamme gegeben ist, nicht
genau die Anregungsfrequenz darstellt, bei der periodisch gebildete Ringwirbel erstmals auftreten, wie dies bei pulsierten Axialstrahlflammen der Fall ist.

3.4.3 _Skalierbarkeit periodischer Verbrennungsinstabilitäten_

Der Phasenwinkel der Flamme $\varphi_{Fl}(f_{Puls})$ ist nach Gleichung 3-60 bei vorgegebener Pulsationsfrequenz eine Funktion der nachfolgend näher erläuterten flammeninternen Gesamtverzugszeit $\bar{t}_{V,Fl}$ (Abbildung 3-23). Durch die Vorhersage bzw. die Skalierung dieser Flammenverzugszeit $\bar{t}_{V,Fl}$ in Abhängigkeit der relevanten Betriebsparameter eines technischen Verbrennungssystems könnte man also alle Betriebsparameterkombinationen identifizieren, die nach dem Nyquist-Kriterium (Kapitel 3.1) zu einem kritischen Phasenwinkel $\varphi_{Fl,krit}$ gemäß Gleichung 3-61 führen.

$$\varphi_{Fl,krit} = -\bar{t}_{V,Fl,krit} \cdot f_R \cdot 360^0 = n \cdot 360^0 - \varphi_{Brenner} - \varphi_{Bk} \qquad \text{Gleichung 3-61}$$

Die Gesamtverzugszeit der Flamme $\bar{t}_{V,Fl}$ ihrerseits setzt sich gemäß Abbildung 3-23 aus mehreren Einzelkomponenten zusammen [13]. Neben dem Anteil für den konvektiven Transport der Gemischelemente $\bar{t}_{V,Fl,kon}$ vom Brenneraustritt bis hin zur Hauptreaktionszone der Flamme und der Vorwärmzeit $\bar{t}_{V,Fl,vorwärm}$, also der Dauer für die Aufheizung des Gemisches auf Zündtemperatur, kommt noch eine reaktionskinetisch bestimmte Verzugszeit $\bar{t}_{V,Fl,kin}$ hinzu. Zu beachten ist hierbei, dass sich die einzelnen Komponenten gemäß Abbildung 3-23 nicht schlicht addieren, sondern sich in ihrer zeitlichen Abfolge teilweise überlagern.

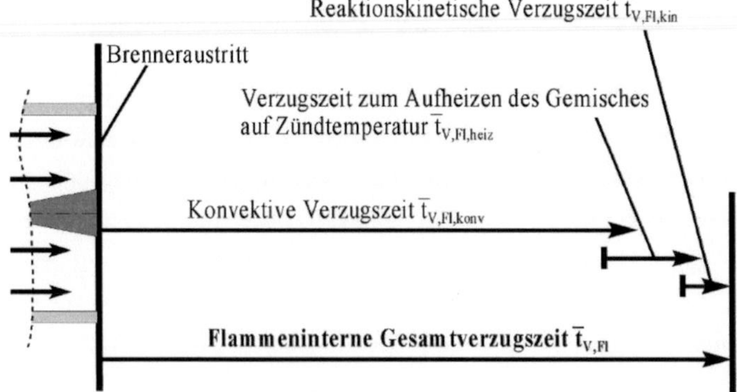

Abbildung 3-23 Charakteristische Verzugszeiten bei Vormischflammen [12]

Für die flammeninterne Gesamtverzugszeit der Flamme lassen sich demnach die folgenden Abhängigkeiten gemäß Gleichung 3-62 aufstellen [12, 13, 20].

$$\bar{t}_{V,Fl} = \frac{\bar{x}_{OH,max}(\dot{Q}_{th}, \lambda_{Misch}, T_{Misch}, Brennstoff, \bar{p}_{Bk})}{\bar{u}_{ax,vol}(\dot{Q}_{th}, \lambda_{Misch}, T_{Misch}, Brennstoff, \bar{p}_{Bk})} \qquad \text{Gleichung 3-62}$$

Nach der in Kapitel 3.4.2 vorgestellten Methode repräsentiert $\bar{x}_{OH,max}$ die mittels Photomultiplier detektierte, zeitgemittelte axiale Lage der Flammenhauptreaktionszone zur Brenneraustrittsebene und $\bar{u}_{ax,vol}$ die mittels Hitzdrahtanemometrie ermittelte, zeitgemittelte volumetrische Axialgeschwindigkeit am Brennermund.

Ein physikalisches Modell zur Vorhersage der Verzugszeit der Flamme $\bar{t}_{V,Fl}$ in Abhängigkeit aller relevanter Betriebsparameter wird durch Büchner [12] vorgestellt und für unterschiedliche Betriebsparameter und Flammentypen validiert und erweitert [13, 14, 18, 20, 21, 22, 23, 24, 25]. Dabei wird zunächst gezeigt, dass die axiale Lage der Hauptreaktionszone für alle stationären voll-vorgemischten und voll-turbulenten Axialstrahl- und Drallflammen gemäß Gleichung 3-63 in einem festen Verhältnis zur zeitlich mittleren Flammenlänge $\bar{L}_{Fl}$ steht.

$$\frac{\bar{x}_{OH,max}}{\bar{L}_{Fl}} = K\,(Flammentyp) \quad ; \quad K \neq f\,(T_{Misch}, \lambda_{Misch}, ...) \qquad \text{Gleichung 3-63}$$

Der Wert der Konstante K ist im Wesentlichen vom Flammentyp bestimmt [13, 20]. Gemäß Kapitel 2.3.3 lässt sich in Abhängigkeit der mittleren, volumetrischen Geschwindigkeit $\bar{u}_{ax,vol}$ und der turbulenten Brenngeschwindigkeit Λ_{turb} Gleichung 3-64 für die mittlere Flammenlänge $\bar{L}_{Fl}$ und den zur Brenneraustrittsfläche äquivalenten Durchmesser $d_{äq}$ aufstellen:

$$\frac{\bar{L}_{Fl}}{d_{äq}} \sim \frac{\bar{u}_{vol,ax}}{\Lambda_{turb}} \qquad \text{Gleichung 3-64}$$

Damit folgt durch Einsetzen von Gleichung 3-63 in Gleichung 3-64:

$$\overline{x}_{OH,max} \sim K \cdot \frac{d_{\ddot{a}q} \cdot \overline{u}_{vol,ax}}{\Lambda_{turb}}$$

Gleichung 3-65

Mit Gleichung 3-62 und den Überlegungen in Kapitel 2.3.4 zur Abhängigkeit der turbulenten Brenngeschwindigkeit von den wichtigsten feuerungstechnischen Betriebsparametern ergibt sich die folgende Proportionalität:

$$\overline{t}_{V,Fl} \sim \frac{1}{\Lambda_{turb}(\dot{\overline{Q}}_{th},\lambda_{Misch},T_{Misch},Brennstoff,\overline{p}_{Bk})}$$

Gleichung 3-66

Mit dem zuvor eingeführten physikalischen Modell zur Beschreibung des dynamischen Verhaltens von Vormischflammen ist es möglich, die Verzugszeit der Flamme und damit gemäß dem Modell des idealen Totzeitgliedes den Phasenfrequenzgang $\varphi_{Fl}(f_{Puls})$ anhand der Änderung der turbulenten Brenngeschwindigkeit zu skalieren. Weiterhin ermöglicht dieses Modell ausgehend von **nur einer vollständig dokumentierten Betriebsparameterkombination**, die zu periodischen Verbrennungsinstabilitäten im gegebenen Verbrennungssystem führt, eine Identifizierung aller weiteren kritischen Parameterkombinationen, die gemäß dem Nyquist-Kriterium die Stabilitätsanforderungen des kritischen Phasenwinkels $\varphi_{Fl,krit}$ erfüllen.

Da jedoch nach aktuellem Stand des Wissens die turbulente Brenngeschwindigkeit in Abhängigkeit der genannten relevanten feuerungstechnischen Betriebsparameter nicht hinreichend genau analytisch oder numerisch für ein technisches Verbrennungssystem vorausberechnet werden kann, wurden, wie im Folgenden beschrieben, allgemein gültige Skalierungsgesetze hergeleitet. Diese Skalierungsgesetze für die flammeninterne Verzugszeit $\overline{t}_{V,Fl}(f_{Puls})$ in Abhängigkeit der turbulenten Brenngeschwindigkeit sind der Vorgehensweise von Büchner [13] (Gleichung 3-61 bis Gleichung 3-66) folgend und aufbauend auf der in Kapitel 2.3.3 vorgestellten Korrelation von H.P. Schmid [57] (Gleichung 2-51) wie nachfolgend beschrieben herzuleiten.

Skalierungsgesetz für die mittlere thermische Leistung

Für vollturbulente Vormischflammen aus dem Regime des homogenen Reaktors (Abbildung 2-6) gilt wie in Kapitel 2.3.3 gezeigt die Vorraussetzung [57, 58, 61, 62]:

$$\dot{\overline{Q}}_{th} \sim Re_d \sim \overline{u}_{vol,ax,d} \sim u'_{ax,d} \sim Re_t; \text{ mit } \Lambda_{turb} \sim Re_t^{\,1/2} \qquad\qquad \text{Gleichung 3-67}$$

Das Skalierungsgesetz der turbulenten Brenngeschwindigkeit und damit das der Flammenverzugszeit in Abhängigkeit der **mittleren thermischen Leistung** lässt sich unter Berücksichtigung von Gleichung 3-66 und Gleichung 3-67 somit wie folgt formulieren:

$$\frac{\overline{t}_{V,Fl}(\dot{\overline{Q}}_{th})}{\overline{t}_{V,Fl,0}(\dot{\overline{Q}}_{th,0})} \sim \left(\frac{Re_{d,0}}{Re_d}\right)^{0,5} \sim \left(\frac{\dot{\overline{Q}}_{th,0}}{\dot{\overline{Q}}_{th}}\right)^{0,5} \qquad\qquad \text{Gleichung 3-68}$$

Diese Überlegungen weichen bei der experimentellen Überprüfung durch Büchner et.al. [12, 13, 14, 18, 20] mit weniger als 2% von den mit dem in Kapitel 3.4.2 vorgestellten Versuchsaufbau ermittelten Messergebnissen ab.

Skalierungsgesetz für die Gemischluftzahl

Wie von Büchner und Lohrmann [12, 22] beschrieben und experimentell gezeigt, ist gemäß Kapitel 2.3.4 die Abhängigkeit der turbulenten Brenngeschwindigkeit von der **Gemischluftzahl** λ_{Misch} im Wesentlichen auf die Abhängigkeit der laminaren Brenngeschwindigkeit von λ_{Misch} zurückzuführen. Demnach gilt mit dem in Gleichung 2-50 vorgestellten Potenzgesetz das Skalierungsgesetz der Flammenverzugszeit in Abhängigkeit der Gemischluftzahl gemäß Gleichung 3-69.

$$\frac{\overline{t}_{V,Fl}(\lambda_{Misch})}{\overline{t}_{V,Fl,0}(\lambda_{Misch,0})} \sim \left(\frac{\lambda_{Misch}}{\lambda_{Misch,0}}\right)^{3,33} ; \text{ für } 1,3 \leq \lambda_{Misch} \leq 1,8 \qquad \text{Gleichung 3-69}$$

Skalierungsgesetz für die Vorwärmtemperatur

Weiterhin wird in diversen Publikationen [18, 20, 21, 22, 23] gezeigt, dass der Einfluss der laminaren Brenngeschwindigkeit im Bezug auf die Skalierung der flammeninternen Gesamtverzugszeit in Abhängigkeit der **Gemischtemperatur** der Frischgemischströmung als dominant zu betrachten ist. Demnach lässt sich unter Berücksichtigung von Gleichung 2-49 [71, 72] die zugehörige Abhängigkeit wie folgt formulieren.

$$\frac{\bar{t}_{V,Fl}(T_{Misch})}{\bar{t}_{V,Fl,0}(T_{Misch,0})} \sim \left(\frac{T_{Misch,0}}{T_{Misch}}\right)^2 \qquad\qquad \text{Gleichung 3-70}$$

Skalierungsgesetz für den eingesetzten Brennstoff

Zur Aufstellung eines Skalierungsgesetzes der Flammenverzugszeit in Abhängigkeit des eingesetzten Brennstoffes schlägt Lohrmann [20] ebenfalls eine Reduzierung der Abhängigkeit des **Brennstoffes** auf die laminare Brenngeschwindigkeit gemäß Abbildung 2-7 vor. Demnach lässt sich das Skalierungsgesetz der flammeninternen Verzugszeit in Abhängigkeit des eingesetzten Brennstoffes nach Gleichung 3-71 formulieren.

$$\frac{\bar{t}_{V,Fl}(Brennstoff)}{\bar{t}_{V,Fl,0}(Brennstoff_0)} \sim \left(\frac{\Lambda_{lam,Brst,stöch,0}}{\Lambda_{lam,Brst,stöch}}\right) \qquad\qquad \text{Gleichung 3-71}$$

Dieses Vorgehen konnte anhand von Untersuchungen [20, 21, 22, 23] mit Erdgas LP- und Kerosin LPP- Drallflammen als gerechtfertigt bewiesen werden. Der Beweis für weitere Brennstoffe und daher für die Universalität des Skalierungsgesetzes ist u.a. Ziel der weiteren Untersuchungen der vorliegenden Arbeit, welche in Kapitel 4 und 5 beschrieben sind.

Spezifisches Skalierungsgesetz für die theoretische Drallzahl

Da, wie in Kapitel 2.1 diskutiert, in der Regel die theoretische Drallzahl $S_{0,th}$ als Maß für die **Drallintensität** von isothermen Drallströmungen und technischen Drallflammen herangezogen wird, soll dies auch für die in dieser Arbeit durchgeführten Untersuchungen geschehen. Es sei im Hinblick auf die Skalierung der flammenintegralen Verzugszeit jedoch darauf hingewiesen, dass zwar - wie bei Büchner et.al. [13, 18, 20, 26] beschrieben - die mittlere Flammenverzugszeit tendenziell mit zunehmender theoretischen Drallzahl abnimmt, jedoch auf Grund der in Kapitel 2.1 im Zuge der Herleitung der Drallstärke diskutierten Vereinfachungen die theoretische Drallzahl $S_{0,th}$ keinen strengen Ähnlichkeitsparameter darstellt, um das mittlere Strömungsfeld reagierender Strömungen und deren Turbulenzeigenschaften systemunabhängig zu beschreiben. Damit kann ein Skalierungsgesetz in Abhängigkeit der theoretischen Drallzahl $S_{0,th}$ im Gegensatz zu den zuvor vorgestellten Gesetzmäßigkeiten nur eine systemspezifische, also brennerabhängige Aussage treffen.

$$\frac{\bar{t}_{V,Fl}(S_{0,th})}{\bar{t}_{V,Fl,0}(S_{0,th,0})} \sim \left(\frac{S_{0,th}}{S_{0,th,0}}\right)^n \quad ; n \geq 0 \qquad\qquad \text{Gleichung 3-72}$$

Daher ist es das Ziel der folgenden Untersuchungen, einen für den Versuchbrenner spezifischen Exponenten n zu identifizieren. Ein solches spezifisches Gesetz kann als Skalierungsgesetz für die gleiche Brennerklasse der pilotierten Mager-Vormisch-Drallbrenner in erster Näherung hinreichend sein.

Skalierungsgesetz für den mittleren Brennkammerdruck

Von Lohrmann [20] wird eine Erweiterung des bisher beschriebenen physikalischen Modells für die Skalierung der flammeninternen Verzugszeit in Abhängigkeit des **mittleren Drucks im Brennraum** des Verbrennungssystems vorgeschlagen. Analog zu der Vorgehensweise für die mittlere Vorwärmtemperatur des Brennstoff-Luft-Gemisches, der Gemischluftzahl und des eingesetzten Brennstoffes wird dabei eine Reduzierung auf die Abhängigkeit der laminaren Brenngeschwindigkeit vom statischen Druck in der Brennkammer gemäß Gleichung 2-49 als ausreichend erachtet [20, 69, 71, 72, 73, 74]. Es sei an dieser Stelle jedoch auf die in Kapitel 2.3.4 beschriebenen Ergebnisse von Griebel et.al. [78, 79, 80] hingewiesen, wonach sich die Flammenlänge hochturbulenter stationärer Vormischflammen bei konstanter Düsenaustrittsgeschwindigkeit in Abhängigkeit des mittleren Betriebsdruckes nicht ändert. Eine nähere analytische und experimentelle Bearbeitung dieser Fragestellung und eine geeignete Herleitung eines Skalierungsgesetzes für die flammeninterne Gesamtverzugzeit in Abhängigkeit des Betriebsdruckes wird in Kapitel 5.2.3 vorgestellt.

Einfluss der Betriebsparameter auf den Phasenfrequenzgang der Flamme

Eine schematische Übersicht der tendenziellen Verschiebung der Phasenfrequenzgänge φ_{Fl} in Abhängigkeit der wichtigsten Betriebsparameter nach Gleichung 3-37 bis Gleichung 3-41 zeigt Abbildung 3-24. Hierbei wird deutlich, dass, gemäß dem idealen Totzeitmodell $\varphi_{Fl}(f_{Puls}, \bar{t}_{V,Fl}) = -\bar{t}_{V,Fl}(\text{Betriebsparameter}) \cdot f_{Puls} \cdot 360^0$ und den zuvor abgeleiteten Skalierungsgesetzen, eine Erhöhung der Vorwärmtemperatur T_{Misch} die flammeninterne Verzugszeit $\bar{t}_{V,Fl}$ (Gleichung 3-70) verringert und damit den Phasenfrequenzgang $\varphi_{Fl}(f_{Puls}, \bar{t}_{V,Fl}) = -\bar{t}_{V,Fl}(\text{Betriebsparameter}) \cdot f_{Puls} \cdot 360^0$ erhöht.

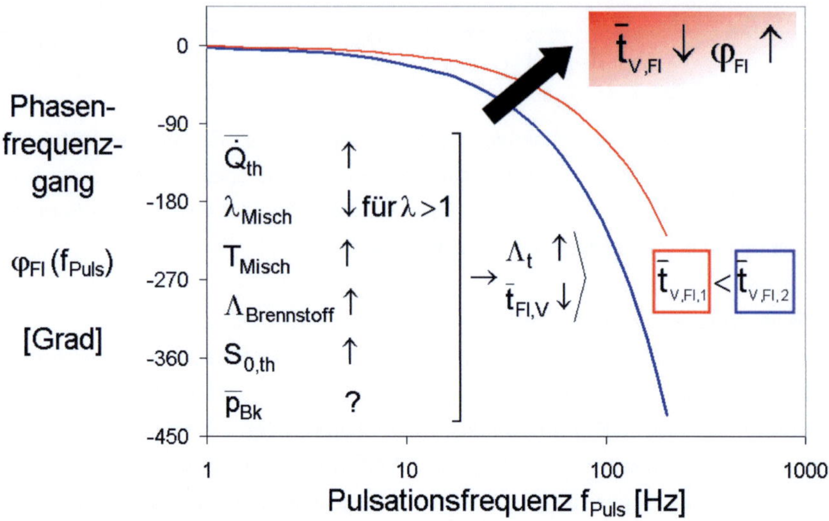

Abbildung 3-24 Tendenzieller Verlauf von Phasenfrequenzgängen φ_{Fl} in Abhängigkeit aller relevanten Betriebsparameter (Stand des Wissens) [12,
13, 14, 15, 18, 20, 21, 22, 23, 24, 25]

Ebenso führt eine Erhöhung der mittleren thermischen Leistung $\dot{\bar{Q}}_{th}$ (Gleichung 3-68), der theoretischen Drallzahl $S_{0,th}$ (Gleichung 3-72) und der laminaren Brennge-schwindigkeit des eingesetzten Brennstoffes $\Lambda_{lam,Brst}$ (Gleichung 3-71) zur Verringe-rung der flammeninterne Verzugszeit $\bar{t}_{V,Fl}$ und damit zu einer Erhöhung des Pha-senwinkels $\varphi_{Fl}(f_{Puls}, \bar{t}_{V,Fl})$. Hingegen hat eine Erhöhung der Gemischluftzahl λ_{Misch} nach Gleichung 3-69 eine Vergrößerung der Flammenverzugszeit $\bar{t}_{V,Fl}$ und damit gemäß Gleichung 3-61 eine Erniedrigung des Phasenwinkels φ_{Fl} zur Folge.

Den genauen Einfluss des mittleren Betriebsdruckes, des Brennstoffes und der theo-retischen Drallzahl auf die mittlere flammeninterne Verzugszeit und damit den Pha-senfrequenzgang und letztlich die Schwingungsneigung des Verbrennungssystem zu klären ist das Ziel der nachfolgend beschriebenen experimentellen Untersuchungen und analytisch, physikalischen Überlegungen.

4 Versuchaufbauten und - durchführungen

Im nachfolgenden Kapitel werden zunächst, aufbauend auf den zuvor beschriebenen Vorarbeiten zum Auftreten von periodischen Verbrennungsinstabilitäten und zum frequenzabhängigen Verhalten von technisch relevanten Vormischflammen, die Zielsetzungen der durchgeführten Untersuchungen verdeutlicht. Im Anschluss daran werden die dazu entwickelten Aufbauten und Versuchsträger vorgestellt und deren Funktions- und Betriebsweise erläutert. Nachdem die eingesetzten Messtechniken vorgestellt wurden, schließt dieses Kapitel mit der Darlegung der für die Klärung der jeweiligen Fragestellung entwickelten Versuchsdurchführung.

4.1 Zielsetzung der Experimente

Das Hauptziel der nachfolgend beschriebenen experimentellen Untersuchungen war es, den **Einfluss des mittleren Betriebsdruckes auf das dynamische Verhalten von vollturbulenten Vormischflammen** in Form der zugehörigen Flammenfrequenzgänge zu untersuchen. Anschließend sollte die Gültigkeit der damit abgeleiteten Gesetzmäßigkeiten für die **Vorhersage selbsterregter, periodischer Verbrennungsinstabilitäten** in Abhängigkeit des mittleren Betriebsdrucks überprüft werden. Um die Vergleichbarkeit zu technisch relevanten Gasturbinenbrennern herzustellen, war es gemäß Kapitel 3.3 nötig die neue Hochdruckbrennereinheit als doppelkonzentrisches, pilotiertes LP-LPP-Drallbrennerkonzept mit relativ kleinem Brennerplenum auszuführen.

Um den hierzu benötigten Versuchsträger in Form eines pilotierten Vormischdrallbrenners für den Betrieb bis 20 bar zu entwickeln, war es zunächst angebracht, ein „Scale-down" in Form eines Niederdruckbrenners vorzunehmen. Für diese Brennereinheit für atmosphärische Betriebsdrücke sollte nun zunächst die prinzipielle Anwendbarkeit des in Kapitel 3.4 vorgestellten Modells zur Vorhersage der Schwingungsneigung technischer Verbrennungssysteme [12, 13] gemäß der in Kapitel 3.4.2 beschriebenen Vorgehensweise zur Untersuchung von Flammenfrequenzgängen unter atmosphärischen Druckbedingungen bestätigt werden. Anschließend sollte dieses Modell für den Einsatz unterschiedlicher Brennstoffe von technischer Relevanz (Methan, Ethan, Erdgas H, Kerosin Jet-A1) nachgewiesen werden.

Wie in Kapitel 3.1 dargelegt, ist es für die Untersuchung der Gesetzmäßigkeiten für die Vorhersage selbsterregter, periodischer Verbrennungsinstabilitäten unerlässlich, die Druckübertragungscharakteristik des gesamten Verbrennungssystems – also auch der Brennkammer und des Brenners – zu ermitteln. Wie gemäß Kapitel 3.3 von Büchner [13] gezeigt, ist das Übertragungsverhalten von Vormischbrennern mit relativ zum Brennkammervolumen kleinem Brennerplenum als frequenzunabhängig näherungsweise trägheitsfrei. D.h. der Phasendifferenzwinkel $\varphi_{\dot{m}_{ein}-PBk} = 180^0$ ist im für das Auftreten von selbsterregten, periodischen Verbrennungsinstabilitäten relevanten Frequenzbereich bis hin zu wenigen hundert Hertz konstant. Dies kann auf Grund der konstruktiven Ausführung der Versuchsträger auch für die nachfolgend eingesetzten Hoch- und Niederdruckbrennersystem gelten. Jedoch war es im Zuge der vorliegenden Untersuchungen notwendig, die druckabhängigen Resonanzcharakteristiken der eingesetzten Druckbrennkammer detailliert zu untersuchen und den vorliegenden Resonatortyp gemäß 3.2 eindeutig zu identifizieren.

4.2 Versuchsaufbauten

4.2.1 *Versuchsaufbau zur Erfassung von Flammenfrequenzgängen unter atmosphärischen Druckbedingungen*

Der Phasenwinkel der Flamme $\varphi_{Fl}(f_{Puls})$ ist - wie in Kapitel 3.4.2 dargelegt – bei vorgegebener Pulsationsfrequenz eine Funktion der flammeninternen Gesamtverzugszeit $\bar{t}_{V,Fl}$. Aus der Messung von Phasenfrequenzgängen unter Variation relevanter Betriebsparameter ergeben sich nach Kapitel 3.4.2 und 3.4.3 die Abhängigkeit der Flammenverzugszeit von diesen Betriebsparametern. Durch die Vorhersage bzw. die Skalierung dieser Flammenverzugszeit in Abhängigkeit der relevanten Betriebsparameter eines Verbrennungssystems kann man alle Kombinationen relevanter Betriebsparameter identifizieren, die nach dem Nyquist-Kriterium zu einem kritischen, den Rückkopplungskreis schließenden Phasenwinkel führen (Kapitel 3.1, 3.4.2, 3.4.3) und damit das Auftreten selbsterregter Verbrennungsinstabilitäten in Abhängigkeit dieser Betriebsparameter vorhersagen.

Für die Untersuchungen der Flammenfrequenzgänge unter atmosphärischen Druckbedingungen bei Einsatz unterschiedlicher Brennstoffe, sowohl im Lean-Premixed (LP)- als auch im LP-Pre-Vaporized (LPP)- Konzept, wurde ein neuer doppelkonzentrischer Mager-Vormisch-Brenner nach dem Moveable-Block-Prinzip [30, 31, 34] entwickelt und an die von Lohrmann und Büchner [21, 22, 23] entwickelte, aufgebaute und betriebene Versuchsanlage adaptiert.

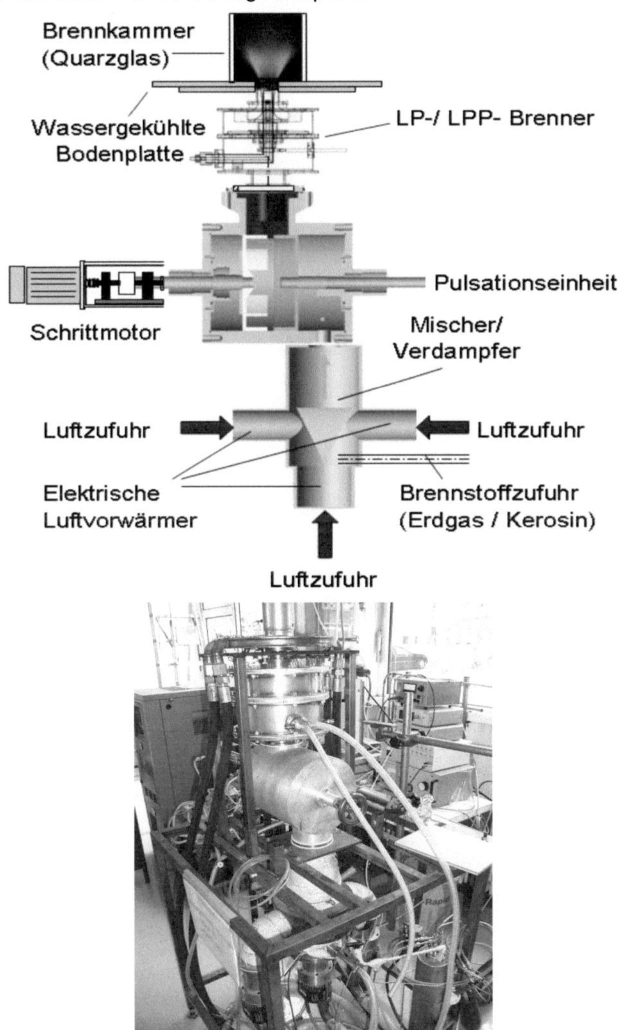

Abbildung 4-1 Versuchsaufbau des Verbrennungssystems zur Untersuchung von Flammenfrequenzgängen für atmosphärische Bedingungen

Mit der in Abbildung 4-1 dargestellten Versuchsanlage wurden das dynamische Übertragungsverhalten von LP- und LPP- Flammen bis 120 kW mittlerer thermischer Leistung, Vorwärmtemperaturen bis 550 °C stationär und mit Hilfe einer gemäß Kapitel 3.4.2 entwickelten Pulsationseinheit unter Zwangserregung betrieben [12, 13, 21, 22, 23]. Hierbei wird der nach dem in Kapitel 3.4.2 beschriebenen Verfahren zur Speisung der Vormischhauptflamme sinusförmig modulierte Gemischmassestrom und die Flammenantwort in Form der periodisch schwankenden Wärmefreisetzungsrate in Amplitude und Phasenlage erfasst.

In Strömungsrichtung sind zunächst die drei elektrischen Lufterhitzer zur Vorwärmung der Verbrennungsluft mit der thermostatisierten Versorgungsleitung der Verdampfereinheit für flüssige Brennstoffe, die Hochtemperatur-Pulsationseinheit, der im Rahmen dieser Untersuchungen für atmosphärische Bedingungen entwickelte und nachfolgend näher erläuterte, doppelkonzentrische LP-/LPP- Drallbrenner und schließlich die wassergekühlte Brennerplatte mit der zylindrischen Quarzglasbrennkammer angeordnet. Die Einzelkomponenten Mischer-, Verdampfer- und Hochtemperatur-Pulsationseinheit sind von Lohrmann [20] ausführlich beschrieben. Dabei fällt zur Realisierung des LP-/LPP- Konzeptes der Mischer- und Verdampfereinheit eine wichtige Rolle zu. Für eindeutig interpretierbare Untersuchungen der dynamischen Eigenschaften von LP-/LPP- Flammen mittels der OH*-Strahlungsmesstechnik Kapitel 3.4.2 muss eine zeitunabhängige Mischung und ggf. Verdampfung gewährleistet sein [13, 20, 24]. Dies konnte für die eingesetzte Versuchsanlage gezeigt werden [20].

Für die unter atmosphärischen Bedingungen durchgeführten Experimente an Erdgas-, Methan-, und Ethan - LP - Flammen sowie an Kerosin - LPP - Flammen wurde eine in Anlehnung an die für Gasturbinen typische und nach dem Moveable-Block-Prinzip [30, 31, 34] entwickelte Brennereinheit eingesetzt. Im Gegensatz zu den meisten industriell applizierten Brennerkonzepten ist es mit dieser Entwicklung möglich, die wichtigsten feuerungstechnischen Betriebsparameter der Flamme unabhängig voneinander zu variieren. Im Falle der Luftzahl und der Massestromverhältnisse von Pilot und Hauptflamme sowie der Vorwärmtemperatur der Hauptflamme und der theoretischen Drallzahl der Hauptströmung (Moveable-Block-Prinzip) ist dies im Rahmen der Betriebsgrenzen stufenlos möglich. Die theoretische Drallzahl der Pilotströmung ist stufenweise durch Austausch von Axialschaufel-Drallerzeugern unterschiedlicher Anstellwinkel [26] einzustellen. Abbildung 4-2 zeigt die Konzept – und Realdarstellung des neu entwickelten Versuchsträgers.

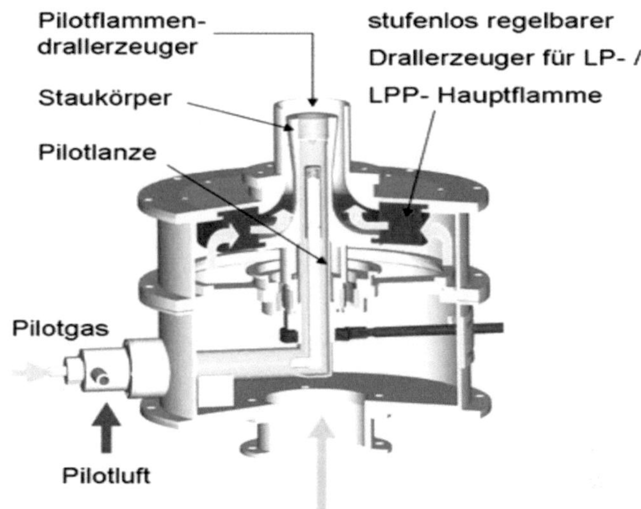

Abbildung 4-2 Pilotierter Vormischdrallbrenner für Untersuchungen unter atmosphärischen Bedingungen [18]

Der Pilotbrennstoff- und Luftmassestrom wird in der Pilotbrennerlanze aus Gründen
der Betriebssicherheit erst direkt vor dem Pilotdrallerzeuger gemischt. Nach der anschließenden Verdrallung durch diesen Axialschaufeldrallerzeuger tritt das Pilotgemisch aus der Brenneraustrittsebene. Das Pilotgemisch wird zunächst mittels einer
Zündlanze entzündet. Das Brennstoff/Luft- Gemisch zur Speisung der Hauptflamme
passiert nach Eintritt in das Brennerplenum zunächst eine zur Sicherung gegen

Flammenrückschlag der Vormischflamme vorgesehene Lochplatte. Anschließend wird ihr im Moveable-Block-(MB)-Drallerzeuger die gewünschte Tangentialgeschwindigkeitskomponente aufgeprägt. Der MB-Drallerzeuger besteht dabei aus zwei gegeneinander verdrehbaren Ringsegmenten mit angestellten Tangentialschaufelgittern, mittels derer sich die theoretische Drallzahl während des Betriebes stufenlos einstellen lässt [30, 31, 34]. Bevor das Hauptgemisch aus dem Brennermund tritt und an der Pilotflamme entzündet und stabilisiert wird, passiert es die zentrale Staukörpereinheit [18]. Abbildung 4-3 zeigt eine Photographie des eingesetzten MB-Drallerzeuger. Die Betriebsbereiche des vorgestellten Brennerkonzeptes für den Einsatz unter atmosphärischen Betriebsdruckbedingungen sind in Abbildung 4-4 nachfolgend aufgelistet.

Abbildung 4-3 Moveable-Block-Drallerzeuger zusammengebaut (links) und in Tangentialschaufelgitter zerlegt (rechts) nach [30, 31, 34]

	Hauptflamme	Pilotflamme
$\dot{\overline{Q}}_{th}$	40 – 350 [kW]	5 – 20 [kW]
λ_{Misch}	1,0 - 2,0 [/]	1,0 – 1,6 [/]
$S_{0,th}$	0 – 1,5 [/]	0,4[/]; 0,6[/]; 0,8[/]
T_{Misch}	20 – 550 [°C]	20 [°C]

Abbildung 4-4 Betriebsbereiche der Verbrennungsanlage unter atmosphärischen Bedingungen

4.2.2 *Versuchsaufbau zur Identifizierung der Resonanzcharakteristik der Hochdruckbrennkammer unter Druck*

Die Resonanzcharakteristik in Betrag und Phase einer Brennkammer im Rückkopplungskreis Brenner – Flamme – Brennkammer ist gemäß dem in Kapitel 3.1 beschriebenen Stabilitätskriterium nach Nyquist [86] eine wichtige Bedingung, die voll ausgebildete Druckschwingung zu erhalten und den Rückkopplungskreis phasenrichtig zu schließen.

Für die Untersuchung der betriebsdruckabhängigen Resonanzcharakteristiken wurde eine neue, wassergekühlte Hochdruckbrennkammer vom Typ des Helmholtz-Resonators gemäß Kapitel 3.2.2 entwickelt. Dabei wurde der in Kapitel 3.2 vorgestellte, prinzipielle Versuchsaufbau gewählt [13, 16, 17, 19].

Da die Abströmbedingungen aus dem Resonatorsystem für dessen Resonanzcharakteristiken, wie in Kapitel 3.2.2 erläutert, von entscheidender Bedeutung sind, wurden zwei Abströmvarianten vorgesehen. Dabei wurde dem Brennkammervolumen mit anschließendem Abgasrohr (Querschnittssprung) unterschiedlich große Anlagenvolumen $V_{A,i}$ nachgeschaltet (Abbildung 4-5).

Beiden Versuchvarianten gemein ist das Prinzip gemäß Kapitel 3.2.2, wonach in Analogie zu einem mechanischen Feder- Masse- Dämpfer- System mit Hilfe einer neu entwickelten Hochdruck - Pulsationseinheit ein zeit-periodisch in Amplitude und Frequenz frei einzustellender Massestrom als Anregung in das System eingebracht wird. Diese Anregung führt frequenzabhängig zu einer periodischen Massestromschwankung im Resonatorhals und damit zu einer Überhöhung der Druckamplitude im Resonator, dessen Amplitude nur durch Dämpfungseigenschaften des Systems beschränkt ist.

In Abbildung 4-5 sind die beiden Varianten des Versuchsaufbau schematisch dargestellt, bei dem - wie in Kapitel 3.2.2 beschrieben - das Anlagenvolumen V_A kleiner bzw. sehr viel größer als das Volumen der Hochdruckbrennkammer V_{Bk} gewählt wurde.

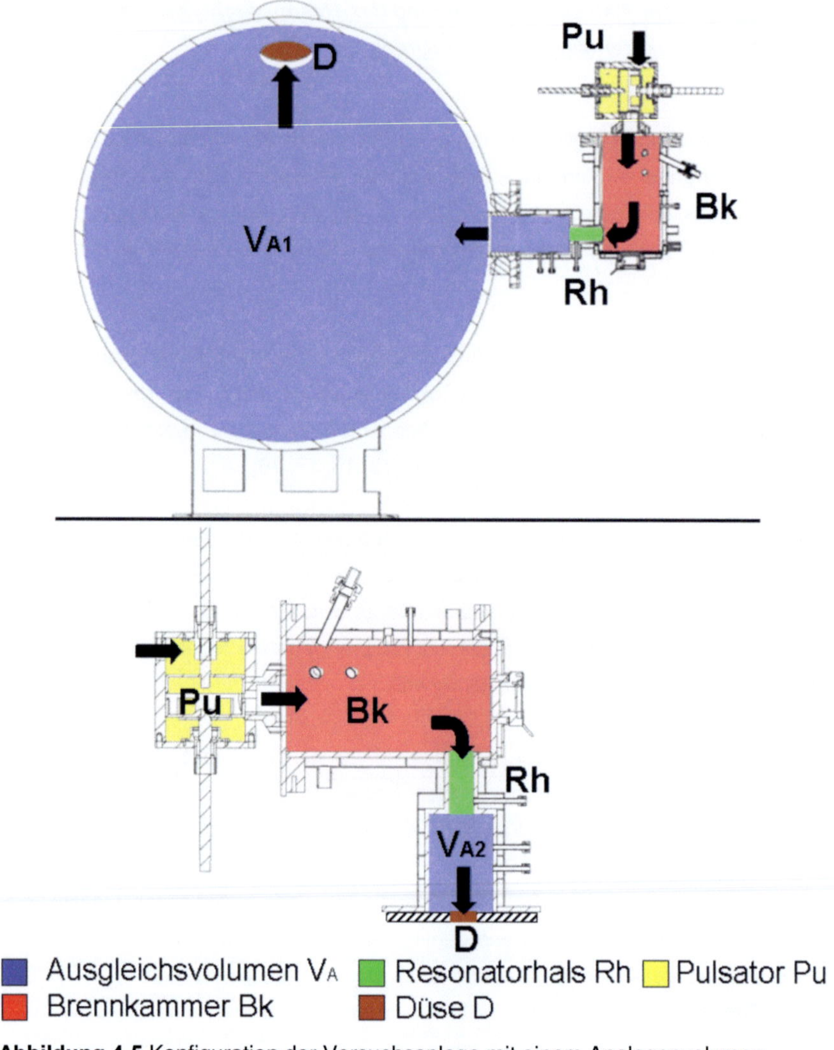

Ausgleichsvolumen V_A Resonatorhals Rh   Pulsator Pu
Brennkammer Bk   Düse D

Abbildung 4-5 Konfiguration der Versuchsanlage mit einem Analagenvolumen

$$V_{A1}=1{,}2\,\mathrm{m}^3 \text{ (oben) bzw. } V_{A2}=0{,}0025\,\mathrm{m}^3 \text{ (unten)}$$

Um unterschiedliche mittlere Betriebsdrücke in der Hochdruckbrennkammer zu realisieren, wurden an der Grenze zur Umgebungsatmosphäre Schalldüsen unterschiedlichen Querschnitts eingesetzt. Abbildung 4-6 zeigt die hierzu konstruierten Düsen.

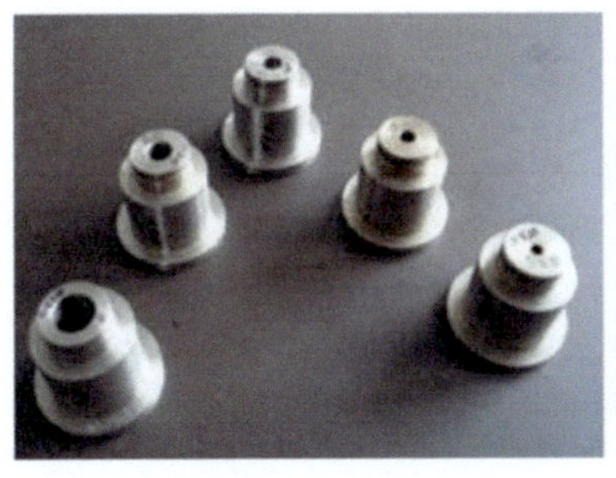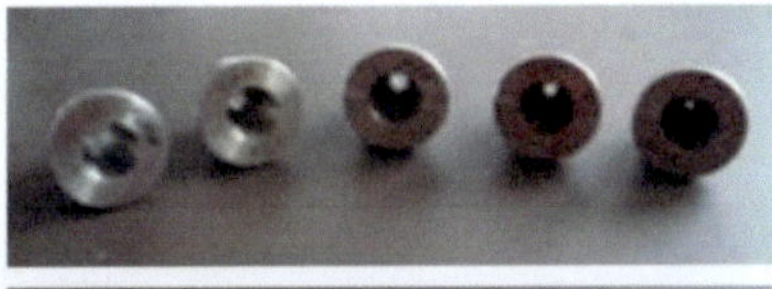

Abbildung 4-6 Eingesetzte Schalldüsen (D = 3 – 12 mm)

Der für eine zeit-periodische Modulation des in die Hochdruckbrennkammer eintretenden Massestroms unter erhöhtem mittlerem Betriebsdruck ausgelegte Pulsator [12] ist in Abbildung 4-7 dargestellt. Es ist zu erkennen, dass die Auslasskontur der Hochdruck-Pulsationseinheit in zwei Teilflächen unterteilt ist. Das Fluid strömt demnach zum einen durch eine sinusförmige und zu einem weiteren, einstellbaren Teil durch eine Rechteckfläche. Ein durch einen Schrittmotor angetriebener Drehschieber (Rotor) öffnet und schließt mit einstellbarer Frequenz bis hin zu 240 Hz die Sinuskontur, wohingegen die Größe der freien Rechteckkontur durch einen Schieber (Stator) auf einer Gewindespindel frei einstellbar ist. Die Welle des Rotors und des Stators wurden durch geeignete Graphitstopfbuchspackungen gegen die Umgebungsatmosphäre abgedichtet. Damit ist es möglich, den maximalen Pulsationsgrad $Pu_{max} = 70\,\%$ (Gleichung 3-23) bis zu mittleren Betriebsdrücken von 20 bar zu realisieren.

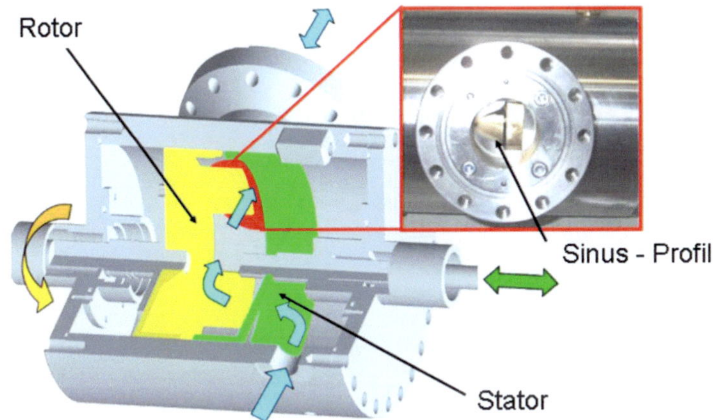

Abbildung 4-7 Hochdruck-Pulsationseinheit nach dem Prinzip von Büchner [12]

4.2.3 *Versuchsaufbau zur Untersuchung der Schwingungsneigung von pilotierten Vormischdrallflammen unter erhöhtem Betriebsdruck*

Den Einfluss des mittleren Betriebsdruckes auf das dynamische Verhalten von hochturbulenten Vormischflammen in Form der zugehörigen Flammenfrequenzgänge zu untersuchen und die Gültigkeit der daraus abgeleiteten Gesetzmäßigkeiten für die Vorhersage selbsterregter, periodischer Verbrennungsinstabilitäten in Abhängigkeit des mittleren Betriebsdrucks zu überprüfen, ist die wichtigste Zielsetzung der vorliegenden Arbeit.

Für die Untersuchungen der dynamischen Eigenschaften fremderregter, hochturbulenter Flammen und deren Stabilitätsgrenzen bezüglich des Auftretens periodischer selbsterregter Verbrennungsinstabilitäten in Abhängigkeit des mittleren Betriebsdruckes war es dabei zunächst nötig, den entwickelten und in Kapitel 4.2.1 vorgestellten Niederdruck-Versuchsbrenner für den Betrieb unter Druckbedingungen bis 20 bar zu skalieren. Weiterhin wurde die entwickelte wassergekühlte Hochdruckbrennkammer, deren Resonanzcharakteristiken wie in Kapitel 4.2.2 beschrieben untersucht wurden, an die skalierte Hochdruckbrennereinheit adaptiert. Zur Ermittlung der Flammenfrequenzgänge unter erhöhtem Betriebsdruck wurde weiterhin die eigens entwickelte und in Kapitel 4.2.2 bereits beschriebene Hochdruck-Pulsationseinheit zur Modulation des Gemischmassestroms am Brennkammereintritt dem Hochdruckbrenner vorgeschaltet. Nachfolgend sind die Auslegungsgrenzen der vorgestellten Hochdruck-Verbrennungsanlage aufgelistet. Dabei sei angemerkt, dass die mögliche mittlere thermische Leistung des Systems durch die institutseigene Infrastruktur auf

$$\overline{\dot{Q}}_{th,ges} = \overline{\dot{Q}}_{th,hpt} + \overline{\dot{Q}}_{th,pil} \leq 50\,kW \quad \text{und} \quad \text{nicht} \quad \text{durch} \quad \text{das} \quad \text{Verbrennungssystem}$$

($\overline{\dot{Q}}_{th,ges,max} \cong 100\ kW$) limitiert wurde.

	Hauptflamme	Pilotflamme
$\overline{\dot{Q}}_{th}$	5 – 50 [kW]	1 – 10 [kW]
λ_{Misch}	1,0 - 2,0 [/]	0,8 – 1,6 [/]
$S_{0,th}$	0 – 1,5 [/]	0 – 1,0 [/]
T_{Misch}	20 – 400 [°C]	20 [°C]
$\overline{p}_{Bk}$	1 – 20 [bar]	1 – 20 [bar]

Abbildung 4-8 Betriebsbereiche des Hochdruck-Verbrennungssystems

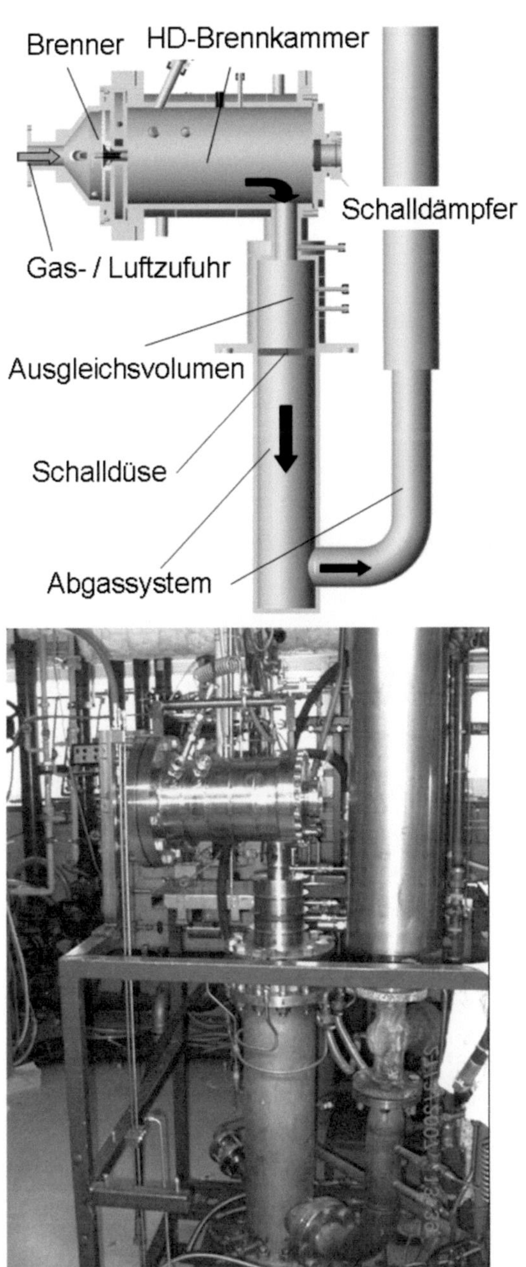

Abbildung 4-9 Versuchsaufbau des Hochdruckverbrennungssystems

Abbildung 4-9 zeigt die aufgebaute Hochdruckverbrennungsanlage schematisch und als Fotografie in der Betriebskonfiguration zur Ermittlung der Stabilitätsgrenzen bezüglich des Auftretens selbsterregter Verbrennungsinstabilitäten und demnach ohne Hochdruck-Pulsationseinheit.

Abbildung 4-10 zeigt den neu entwickelten, pilotierten, doppel-konzentrischen Hochdruck - Vormischdrallbrenner. Die Funktionsweise folgt hierbei dem in Kapitel 4.2.1 vorgestellten atmosphärischen Brennersystem.

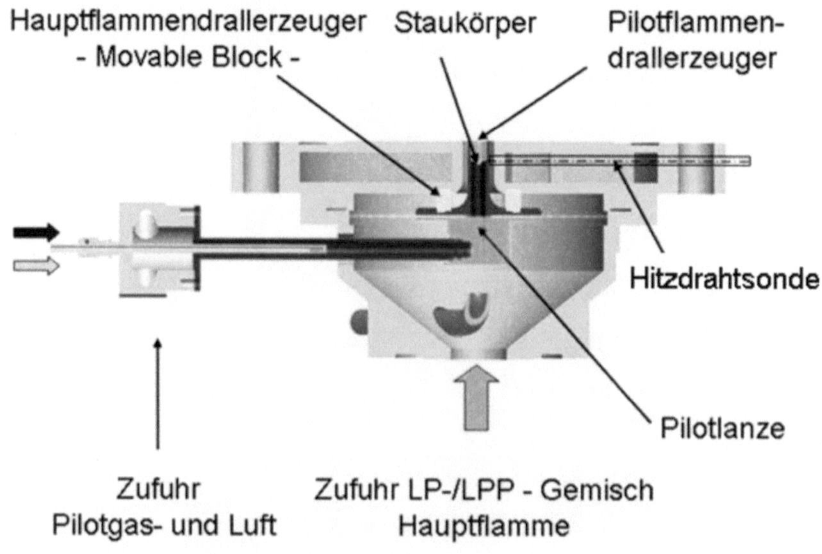

Abbildung 4-10 Pilotierter Hochdruck-Vormischdrallbrenner

4.3 Versuchsdurchführung und eingesetzte Messtechniken

Nachfolgend sollen zunächst die Methoden zur Erfassung stationärer und periodisch schwankender Messgrößen erläutert werden. Anschließend werden die eingesetzten Messtechniken und entwickelten Versuchsprozeduren für die in Kapitel 4.2 vorgestellten experimentellen Aufbauten dargestellt.

Die mittleren Brennkammerdrücke wurden mit Hilfe von in Messbereich und Auflösung geeigneten Differenzdruckmanometern erfasst. Zur Berechnung des statischen Gesamtdruckes im Messsystem wurde zusätzlich der Umgebungsdruck dokumentiert. Die Gemischtemperaturen in den Speiseleitungen wurden mittels Platin-Widerstandsthermometern (PT 100) gemessen. Dabei wurde die temperaturabhängige Widerstandsänderung von einem Wandler ausgewertet, in elektrische Spannung umgewandelt und von der A/D-Wandlerkarte des angeschlossenen Personalcomputers digitalisiert und auf dessen Festplatte dokumentiert. Für die Untersuchungen unter atmosphärischen Druckbedingungen wurden zur Erfassung der eingesetzten Luft- und Gasvolumenströme eigens am Institut für die realisierten Betriebsdrücke kalibrierte Schwebekörperdurchflussmessgeräte eingesetzt. Mittels der gemessenen Fluidtemperaturen und − drücke konnte so der jeweilige Fluidmassestrom von Pilot- und Hauptgas sowie von Pilot- und Hauptluft berechnet werden. Damit sind auch die jeweils realisierte Gemischluftzahl λ_{Misch} und die mittlere thermische Leistung $\overline{\dot{Q}}_{th}$ unter Voraussetzung vollständigen Brennstoffumsatzes nach Gleichung 2-39 und Gleichung 2-38 zu berechnen. In den beiden unter erhöhten Betriebsdrücken gemäß Kapitel 4.2.2 und 4.2.3 betriebenen Versuchsanlagen wurden zur Messung der jeweiligen Masseströme eigens kalibrierte Massflowmeter der Firma Brooks Instruments eingesetzt, deren Vorteil gegenüber Schwebekörperdurchflussmessgeräten darin besteht, dass bei sich ändernden mittleren Betriebsdrücken der eingestellte Massestrom − ohne weiteres Regeln − konstant gehalten wird. Demnach werden bei den eingesetzten Massflowmetern direkt Masseströme und nicht Volumenströme geregelt. Technische Details und Funktionsweise sind in der jeweiligen Gerätebeschreibung dokumentiert [118].

4.3.2 *Messung instationärer Betriebsgrößen*

Konstant-Temperatur-Hitzdrahtanemometrie (CTA)

Die quantitative Erfassung des mittels Hochdruck-Pulsationseinheit in Amplitude und Frequenz definiert aufgeprägten oder des sich im Falle selbsterregter periodischer Druck-/Flammenschwingungen einstellenden zeitlichen Verlaufs des Gemischmassestromes am Brenneraustritt wurde mittels der dazu bewährten [10, 11, 12, 13, 14,

15, 18, 20, 21, 22, 23, 24, 25] Konstant-Temperatur-Hitzdrahtanemometrie (CTA) realisiert. Das dieser Messtechnik zugrunde liegende physikalische Prinzip beruht auf der konvektiven Wärmeabgabe $\dot{Q}_{konv}(t)$ eines elektrisch beheizten Hitzdrahtes an das umströmende Fluid durch erzwungene und freie Konvektion. Dabei wird die Oberflächentemperatur des Hitzdrahtes durch eine Nachlaufregelung der Wheatstone´schen Brücke, in die der Hitzdraht geschaltet ist, auf eine einstellbare, konstante Temperatur geregelt. Die konvektive Wärmeabgabe $\dot{Q}_{konv}(t)$ entspricht damit zu jedem Zeitpunkt der zugeführten elektrischen Heizleistung $P_{el}(t)$, die dem Quadrat der Hitzdrahtbrückenspannung proportional ist [12, 119].

$$\dot{Q}_{konv}(t)=P_{el}(t)=\frac{U_{HD}^2(t)}{R_{HD}}=\alpha(t,u_{eff},\lambda_F,T_F,\Delta T,\text{Geometrie}) \qquad \text{Gleichung 4-1}$$

Da eine analytische Berechnung des funktionalen Zusammenhanges der Hitzdrahtbrückenspannung $U_{HD}(t)$ und der effektiven Anströmgeschwindigkeit u_{eff} aufgrund der starken Geometrieabhängigkeit des Wärmeübergangs, der Materialalterung des Hitzdrahtes und der für jede Sonde spezifischen Materialinhomogenitäten und Toleranzen nicht erfolgen kann, ist vor jeder Messung eine neuerliche Kalibrierung am Einbauort durchzuführen. Einbauort- und Lage, Hitzdrahtwerkstoff, /-geometrie und /-temperatur wurden gemäß den Vorgaben und Erfahrungen dokumentiert in diversen Publikationen [12, 13, 14, 15, 18, 20, 21, 22, 23, 24, 25] gewählt. Für den Einsatz unter Hochdruckbedingungen wurde im Zuge der vorliegenden Untersuchungen eine bis 20 bar druckfeste Hitzdrahtsonde (Abbildung 4-11) neu entwickelt.

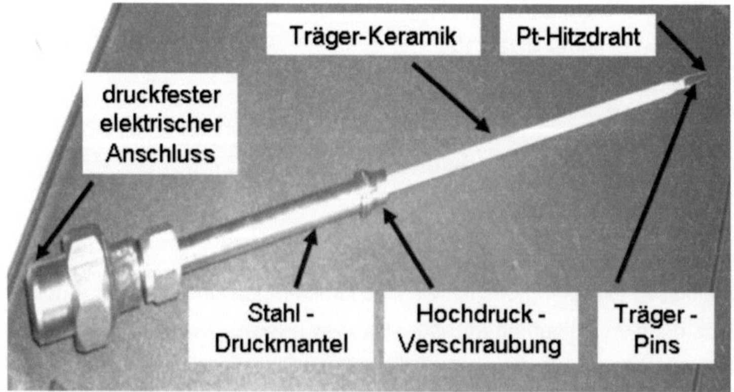

Abbildung 4-11 Neu entwickelte, druckfeste CTA-Hitzdrahtsonde [18]

Dabei ist der eigentliche 5 Mikrometer starke und 2 mm lange Hitzdraht auf zwei Stützdrähte geschweißt. Diese sind aus Isolationszwecken getrennt voneinander in einem Doppel-Loch-Keramikrohr geführt und an ihrem Ende mit einer druckfesten Steckverschraubung verschweißt. Die Lochkeramik ihrerseits ist in einem Stahlmantel geführt, auf dem die zur Verbindung mit dem Hochdruckbrennergehäuse benötigte, druckfeste Verschraubung montiert ist.

Flammenintegrale OH-Strahlungsmesstechnik*

Zur Quantifizierung der integralen Flammenantwort in Form der periodischen Wärmefreisetzung bei der Untersuchung von fremderregten Flammenfrequenzgängen und selbsterregten periodischen Verbrennungsinstabilitäten wurde die von Büchner et.al. [12, 13, 14, 15, 24, 25] weiterentwickelte und ausführlich beschriebene, sowie bereits in Kapitel 3.4.2 erläuterte OH*-Strahlungsmesstechnik eingesetzt. Hierbei wurde dem Photomultiplier ein Interferenzfilter mit Transmissionsmaximum $\lambda_{Str,max}$ =307 nm vorgeschaltet und damit die emittierte OH*-Strahlungsintensität der Gesamtflamme aufgenommen und zeitlich mit dem Anregungssignal des schwankenden Gemischmassestromes am Brenneraustritt (CTA) korreliert. Es wird an dieser Stelle aufgrund der umfassenden Beschreibungen dieser Aufnahmetechnik in diversen Publikationen [12, 13, 24, 25], auf eine ausführlichere Erläuterung verzichtet. Jedoch soll auf die in Kapitel 3.4.2 beschriebenen Effekte, bedingt durch die nicht-lineare Temperatur- und damit Luftzahlabhängigkeit der emittierten OH*-Strahlungsintensität und den damit bedingten Einfluss auf den zu ermittelnden Flammenfrequenzgang, hingewiesen werden.

Schnelle Druckmesstechnik

Für die Versuchsaufbauten zur experimentellen Untersuchung der Resonanzcharakteristiken der entwickelten Hochdruckbrennkammer (Kapitel 4.2.2) und zur Untersuchung der druckabhängigen Schwingungsneigung eines Vormisch - Verbrennungssystems (Kapitel 4.2.3) wurden zur Messung des Wechselanteils des statischen Brennkammerdruckes Quarz-Hochtemperatur-Drucksensoren der Firma Kistler eingesetzt. Hierbei wirkt der zu messende Druck über eine Membran auf das Quarzkristall-Messelement, das den wirkenden Druck p(t) in eine elektrische Ladung q(t) [pC] umwandelt. Die Membrane ist dabei mit dem Sensorgehäuse hermetisch und bündig verschweißt. Die elektrische Ladung wird von einem Ladungsmeter in eine elektrische Spannung $U_P(t)$ gewandelt und via Personalcomputer und A/D-Wandlerkarte ausgewertet und dokumentiert [120].

Der Aufbau der zuvor beschriebenen Messtechniken zur experimentellen Bestimmung der Flammenfrequenzgänge und Stabilitätsgrenzen von periodischen Verbrennungsinstabilitäten in Abhängigkeit des Betriebsdruckes ist in Abbildung 4-12 schematisch gezeigt. Er entspricht dem in Kapitel 4.2.1 beschriebenen, prinzipiellen Messaufbau [12, 20] zur Erfassung von Flammenfrequenzgängen unter atmosphärischen Druckbedingungen, weswegen an dieser Stelle auf eine explizite Darstellung des atmosphärischen Messaufbaus verzichtet wurde.

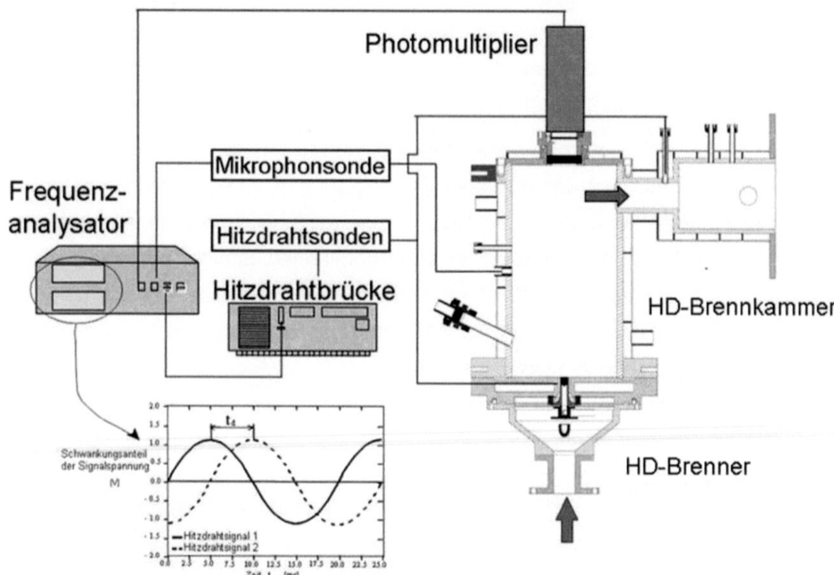

Abbildung 4-12 Prinzipieller Messaufbau zur Bestimmung von Flammenfrequenzgängen und Stabilitätsgrenzen bezüglich periodischer Verbrennungsinstabilitäten

Hierbei besteht gemäß Kapitel 3.4 die Notwendigkeit der zeitgleichen Erfassung der Flammenanregung in Form der Massestrom- bzw. Geschwindigkeitsschwankung am Brenneraustritt und der Flammenantwort in Form der Schwankung der Wärmefreisetzungsrate. Im Falle der experimentellen Untersuchungen unter erhöhtem Betriebsdruck wurde die Photomultipliereinheit mittels eines eigens entwickelten Schwenkmechanismus an den optischen, druckfesten Zugang am axialen Ende der Hochdruckbrennkammer angebracht. Bei den atmosphärischen Untersuchungen hatte die Photomultipliereinheit aus radialer Richtung optischen Zugang durch die dabei eingesetzte Quarzglasbrennkammer. In beiden Fällen war eine Abbildung des kompletten Flammenbildes gewährleistet. Die Auswertung der Messsignale und die Bestimmung der Phasendifferenzwinkel und Betragsfrequenzgänge erfolgte gemäß Gleichung 3-58 und Gleichung 3-60 mit Hilfe eines Zwei-Kanal-Frequenzanalysators aus den Schwankungen der Hitzdrahtbrückenspannung und der Photomultiplierspannung [12, 13].

Für die Untersuchungen der Flammenfrequenzgänge unter erhöhtem Betriebsdruck wurde bei jeder durchgeführten Messreihe zunächst die Hitzdrahtsonde gemäß Kapitel 3.4.2 und 4.3.2 kalibriert und anschließend die Pilot- und danach die Hauptflamme mit einer Zündlanze bei geeigneten Betriebsparametern gezündet. Hiernach wurden die gewünschten Luft- und Brennstoffströme für Pilot- und Hauptflamme und damit resultierend die entsprechenden Gemischluftzahlen (Gleichung 2-39) und thermischen Leistungen (Gleichung 2-38) eingestellt. Nachfolgend konnte die Pulsationseinheit angefahren und der gewünschte Pulsationsgrad gemäß Gleichung 3-23 gewählt und anhand der Hitzdrahtmessung am Brenneraustritt kontrolliert werden. Nachdem an der Pulsationseinheit auch die gewünschte Pulsationsfrequenz eingestellt wurde, konnte nach jeweilig erneuter Kontrolle aller Versuchsparameter mit der Messung begonnen werden. Hierbei wurden die Mittel – und RMS – Werte der Photomultiplierspannung und der Geschwindigkeit ($\hat{U}_{OH,rms}(f_{Puls})$, $\hat{u}_{d,rms}(f_{Puls})$, $\overline{U}_{OH}$, $\overline{u}_{d}$) am Brennermund gemäß Kapitel 3.4.2 und 4.3.2 erfasst und anhand Gleichung 3-58 der Betragsfrequenzgang der Flamme $|F_{Fl}(f_{Puls})|$ bestimmt. Weiterhin wurde mit Hilfe des angeschlossenen Frequenzanalysators die Phasendifferenzwinkel $\varphi_{\dot{Q}_{th}-\dot{m}_{d}}(f)$ und $\varphi_{\dot{m}_{d}-p_{Bk}}(f)$ erfasst. Unter Einbeziehung von Gleichung 3-57 konnte somit aus $\varphi_{\dot{Q}_{th}-\dot{m}_{d}}(f)$ die Flammenverzugszeit $t_{V,Fl}(f)$ bei der jeweils eingestellten Frequenz berechnet werden. Im Anschluss wurde die nächste Frequenz im zu ermittelnden Frequenzgang eingestellt und die zuvor beschriebene Prozedur wiederholt.

Zur messtechnischen Erfassung der Stabilitätsgrenzen von periodischen Verbrennungsinstabilitäten in Abhängigkeit des Betriebsdruckes wurde folgende Versuchsprozedur durchgeführt. Zunächst stand vor jeder Messreihe das Kalibrieren der Hitzdrahtsonde und des Drucksensors zur Erfassung der Druckschwankungen in der Brennkammer gemäß Kapitel 3.4.2 und 4.3.2 an. Anschließend wurden wie beschrieben Pilot- und Hauptflamme gezündet und die Hochdruckanlage angefahren. Ausgehend von einem Betriebspunkt, der keine nennenswerten Druckschwankungen in der Brennkammer aufwies, wurden die Luft- und Brennstoffströme systematisch variiert. Eine selbsterregte Verbrennungsschwingung wurde als solche identifiziert, sobald eine Druckschwingungsamplitude $\hat{p}_{Bk,rms}(f_{Schwing}) > 200$ Pa detektiert werden konnte. In diesem Fall wurden die Werte für $\varphi_{\dot{m}_d - p_{Bk}}(f_{schwing})$, $\varphi_{\dot{Q}_{th} - \dot{m}_d}(f_{Schwing})$, $\hat{U}_{OH,rms}(f_{Schwing})$, $\hat{u}_{d,rms}(f_{Schwing})$, $\hat{p}_{Bk,rms}(f_{Schwing})$, $\overline{U}_{OH}$, $\overline{u}_d$, $\overline{p}_{Bk}$ und $f_{Schwing}$ aufgenommen und dokumentiert. Sobald alle betriebsfähigen Kombinationen im Betriebsbereich von mittlerer thermischer Leistung und Gemischluftzahl gemäß Abbildung 4-8 durchlaufen waren, wurde die Schalldüse stromab der Brennkammer (Abbildung 4-9) gewechselt, wodurch weitere Kombinationen von $\overline{\dot{Q}}_{th}$, λ_{Misch}, und $\overline{p}_{Bk}$ ermöglichte wurden. Die beschriebene Prozedur wurde für alle zu Verfügung stehenden Schalldüsen (Abbildung 4-6) durchgeführt und so eine Stabilitätskarte des Hochdruckverbrennungssystems hinsichtlich des Auftretens selbsterregter Verbrennungsinstabilitäten erfasst.

4.3.4 *Messaufbau und Durchführung der Experimente zur Identifizierung der Resonanzcharakteristik der Hochdruckbrennkammer unter Druck*

Der prinzipielle Messaufbau zur Durchführung der Untersuchungen zur Identifizierung des Resonanzverhaltens der entwickelten Hochdruckbrennkammer ist in Abbildung 4-13 schematisch vorgestellt und erfolgte in Anlehnung an die in Kapitel 3.2.2 und diversen Publikationen vorgestellte Prozedur [13, 17, 19, 121] isotherm, also ohne Flamme. Dabei ist gemäß Kapitel 4.2.2 zwischen den beiden Versuchskonfigurationen in Abbildung 4-5 zu unterscheiden. Demnach entspricht das dem Resonatorhals der Brennkammer nachgeschaltete Anlagenvolumen im einen Fall $V_{A1} = 1{,}2\,m^3$ und im anderen Fall $V_{A2} = 0{,}0025\,m^3$, bei einem konstanten Volumen der Hochruckbrennkammer von $V_{Bk} = 0{,}012 m^3$. Für beide Anordnungen gilt, dass die Systemanregung in Form der periodischen Luftmassestromschwankung am Eintritt in die Brennkammer mittels CTA-Messtechnik detektiert wird. Die Systemantwort in

Form des periodisch schwankenden Brennkammerdruckes wurde zeitgleich mit Hilfe der vorgestellten schnellen Druckaufnehmer aufgenommen.

Analog zur Vorgehensweise zur Aufnahme von Flammenfrequenzgängen wurde auch bei diesen Untersuchungen mittels Zwei-Kanal-Frequenzanalysatoren der Phasendifferenzwinkel zwischen Anregungs- und Antwortsignal (Gleichung 3-43) bestimmt. Die Amplituden der Massestrom- bzw. Geschwindigkeitsschwankung am Brennkammereintritt und des Drucksignals in der Brennkammer wurden über die Hitzdrahtbrücke und das in 4.3.2 erläuterte Ladungsmeter an den angeschlossenen Personalcomputer übertragen und damit dokumentiert. Somit konnte das Amplitudenverhältnis A_{Druck} gemäß Gleichung 3-45 bestimmt und in Abhängigkeit der Anregungsfrequenz dargestellt werden.

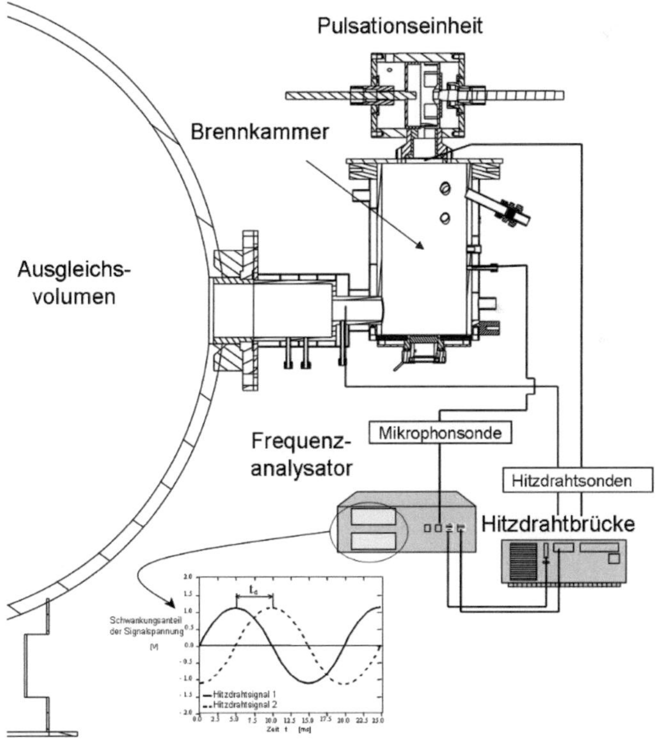

Abbildung 4-13 Prinzipieller Messaufbau zur Bestimmung des Resonanzverhaltens der HD-Brennkammer in Abhängigkeit der angeschlossenen Anlagengeometrie $V_A \gg V_{Bk}$ unter erhöhtem Betriebsdruck

Für die Untersuchungen zum Resonanzverhalten der entwickelten Brennkammer in Abhängigkeit des mittleren Brennkammerdruckes wurde dabei die folgende Versuchsvorschrift durchgeführt. Zunächst wurden die Hitzdrahtsonden und der Druckaufnehmer gemäß Kapitel 3.4.2 und 4.3.2 kalibriert. Anschließend konnte der gewünschte Luftmassenstrom durch die Anlage eingestellt und die Pulsationseinheit angefahren werden. Nach der Einstellung des Pulsationsgrades Pu (Gleichung 3-23) und der Pulsationsfrequenz f_{Puls} wurden diese mit Hilfe der Hitzdrahtsonde kontrolliert. Nachfolgend und nach der erneuten Kontrolle aller Versuchsparameter wurden die Messwerte für $\hat{u}_{d,rms}(f_{Puls}), \hat{p}_{Bk,rms}(f_{Puls}), \overline{u}_d, \overline{p}_{Bk}$ und $\varphi_{\dot{m}_d-p_{Bk}}(f_{Puls})$ aufgenommen. Hiernach wurde die nächste gewünschte Frequenz im zu untersuchenden Frequenzspektrum eingestellt und die Prozedur für diesen Betriebspunkt wiederholt. Der jeweils gewünschte mittlere Brennkammerdruck wurde durch geeignete Wahl der zu Verfügung stehenden Schalldüsen (Abbildung 4-5 und Abbildung 4-6) ermöglicht.

5 <u>Messungen und Ergebnisse</u>

Im folgenden Abschnitt werden zunächst die Ergebnisse, die mit den zuvor beschriebenen Versuchsträgern, Anlagen und Messsystemen erzielt wurden, dargestellt und erläutert. Anschließend wird mit Hilfe dieser Resultate und den in den vorangegangenen Kapiteln vorgestellten, grundlegenden Überlegungen und Modellen ein geschlossenes **physikalisches Modell zur Beschreibung des dynamischen Verhaltens von Vormischflammen** und damit des Stabilitätsverhaltens hinsichtlich des Auftretens selbsterregter, periodischer Verbrennungsinstabilitäten in Abhängigkeit aller technisch relevanter Betriebsparameter formuliert und überprüft.

5.1 <u>Resonanzcharakteristiken der Hochdruck-Brennkammer</u>

Mit dem in Kapitel 4.2.2 und 4.3.4 beschriebenen Versuchsaufbau konnte nach der in Kapitel 3.2.2 beschriebenen Systematik [13, 17, 19, 121] das Druckübertragungsverhalten der entwickelten Hochdruckbrennkammer in Betrag und Phase bei isothermen Versuchsbedingungen ermittelt werden. Nachfolgend wird ein ausgewähltes Beispiel hierfür bei einem Betriebsdruck von 5 bar diskutiert. Abbildung 5-1 zeigt hierzu die wichtigsten Betriebsparameter.

Luft-Volumenstrom	$\dot{V}_{N,Luft}$	30 m³ₙ/h
Luft-Temperatur	T_{Luft}	20 °C
Pulsationsgrad	Pu	20 %
Brennkammervolumen	V_{Bk}	0,012 m³
Resonatorhals	L_{Ar}	0,12 m
	d_{Ar}	0,046 n
Anlagenvolumen	V_{A1}	1,2 m³
	V_{A2}	0,0025 m³

Abbildung 5-1 Betriebsparameter zu Untersuchungen der Resonanzcharakteristik der Hochdruckbrennkammer

Abbildung 5-2 zeigt den experimentell ermittelten Frequenzverlauf des Phasendifferenzwinkels $\varphi_{p_{Bk}-\dot{m}_{ein}}$ der beiden Versuchkonfigurationen mit nachgeschaltetem Anlagenvolumen $V_{A1} \gg V_{A2}$. Es zeigt sich für beide Fälle, dass der Phasenfrequenzgang von $\varphi_{p_{Bk}-\dot{m}_{ein}}(f \rightarrow 0\,Hz) = 90^0$ gegen $\varphi_{p_{Bk}-\dot{m}_{ein}}(f \rightarrow \infty) = -90^0$ läuft. Dabei existiert in beiden Frequenzgängen je ein Wendepunkt bei der Frequenz $f(V_{A1}) = 45\,Hz$ und $f(V_{A2}) = 129\,Hz$.

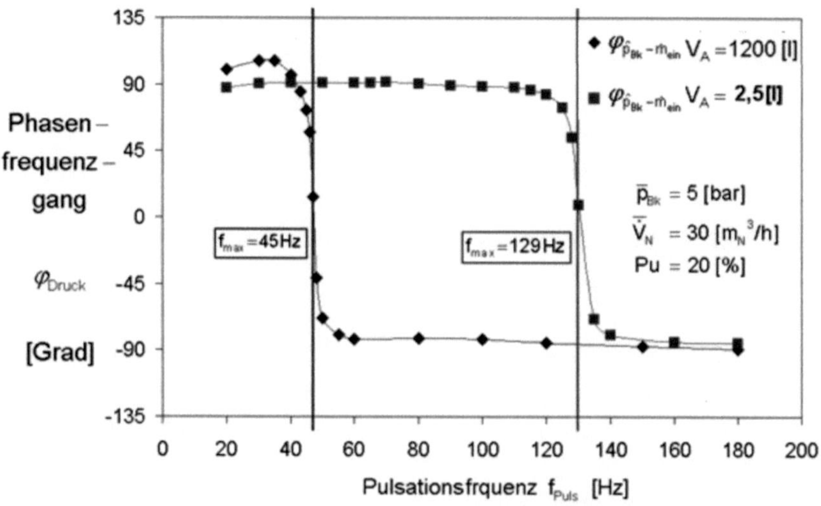

Abbildung 5-2 Dämpfungsbehaftete Phasenfrequenzgänge φ_{Druck} der Hochdruck-Brennkammer für 5 bar Betriebsdruck bei angeschlossenem Anlagenvolumen V_{A1} und V_{A2}

In Abbildung 5-3 sind die experimentell ermittelten Amplitudenverhältnisse A_{Druck} für beide Auslassvarianten über der Pulsationsfrequenz aufgetragen. Es zeigt sich jeweils ein signifikantes Maximum für die Resonanzfrequenzen $f_R(V_{A1}) = \underline{\textbf{45 Hz}}$ und $f_R(V_{A2}) = \underline{\textbf{129 Hz}}$. Die Eigenkreisfrequenzen der Versuchsanordnung V_{A1} und V_{A2} (Abbildung 4-5) errechnen sich nach der mit Gleichung 3-53 abgeleiteten Berechnungsvorschrift für ein einfaches Helmholtz-Resonatorsystem mit angeschlossenem Anlagenvolumen V_A zu $f_0(V_{A1} = 1,2\,m^3) = \underline{\textbf{54 Hz}}$ und $f_0(V_{A2} = 0,0025\,m^3) = \underline{\textbf{131 Hz}}$.

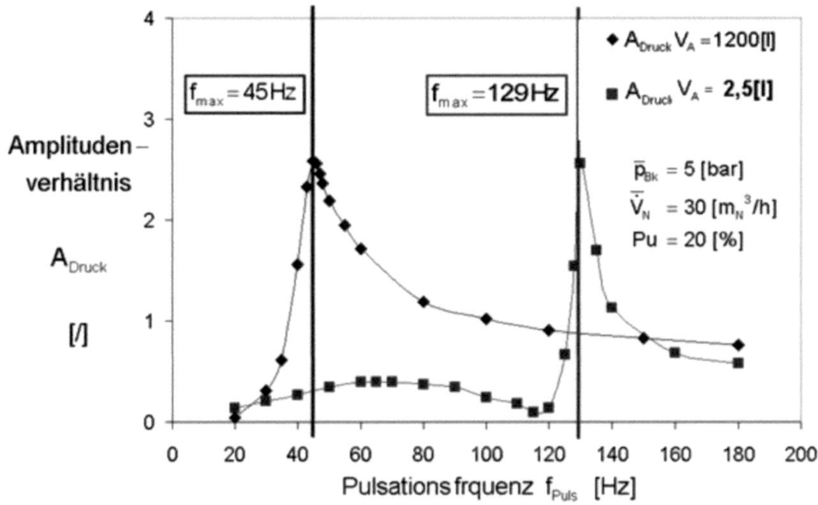

Abbildung 5-3 Dämpfungsbehaftete Betragsfrequenzgänge A_{Druck} der Hochdruck-Brennkammer für 5 bar Betriebsdruck bei angeschlossenem Anlagenvolumen V_{A1} und V_{A2}

Damit stimmen sie unter Berücksichtigung der Abhängigkeit der Resonanzfrequenz vom vorliegenden Dämpfungsmaß D gemäß Gleichung 3-47 in guter Näherung mit den experimentell ermittelten Resonanzfrequenzen aus Abbildung 5-2 und Abbildung 5-3 überein. Das ermittelte Resonanzspektrum in Betrag und Phase zeigt weiterhin das in Kapitel 2.2 beschriebene regelungstechnische VZ2-Verhalten eines linearen, mechanischen, gedämpften einfachen Feder-Masse-Dämpfer Schwingers und stimmt somit mit dem in den Abbildung 3-9 und Abbildung 3-10 präsentierten, typischen Druckübertragungsverhalten eines Resonators vom Typ des einfachen Helmholtz-Resonators bei atmosphärischem Betriebsdruck überein. Damit kann das ermittelte Übertragungsverhalten der entwickelten Brennkammer für erhöhten Betriebsdruck prinzipiell als Resonanzverhalten eines Helmholtz-Resonators identifiziert und unter zu Hilfenahme der Vorschriften zur Vorhersage des dimensionslosen Dämpfungsmaßes gemäß Gleichung 3-51 [13, 17, 19, 121] voraus berechnet werden. Weiterhin konnte damit die in Gleichung 3-52 getätigte Hypothese zur Abhängigkeit des Resonanzverhaltens von der Ausführung des der Brennkammer stromab folgenden Anlagenvolumens V_A experimentell bestätigt werden.

5.2 Dynamische Eigenschaften von Vormischflammen in Abhängigkeit relevanter Betriebsparameter

5.2.1 *Allgemeine Verläufe von Flammenfrequenzgängen am Beispiel der Variation der mittleren thermischen Leistung*

Im Folgenden sei beispielhaft für den in Kapitel 3.4.2 beschriebenen allgemeinen Verlauf von Flammenfrequenzgängen die experimentell mit Hilfe der in 4.2.1 vorgestellten Versuchsanlage ermittelten Phasen- und Betragsfrequenzgänge von vorgemischten Erdgasdrallflammen unter Variation der mittleren thermischen Leistung vorgestellt und diskutiert. Die Ergebnisse der durchgeführten Phasenfrequenzgangsmessungen unter systematischer Variation der Betriebsparameter Gemischluftzahl, theoretische Drallzahl, Vorwärmtemperatur und Brennstoff sind im Anhang (Abbildung 10-1 bis Abbildung 10-4) präsentiert und zeigen in sehr guter Näherung das in Kapitel 3.4.3 diskutierte frequenz- und betriebsparameterabhängige Verhalten [12, 13, 20, 24].

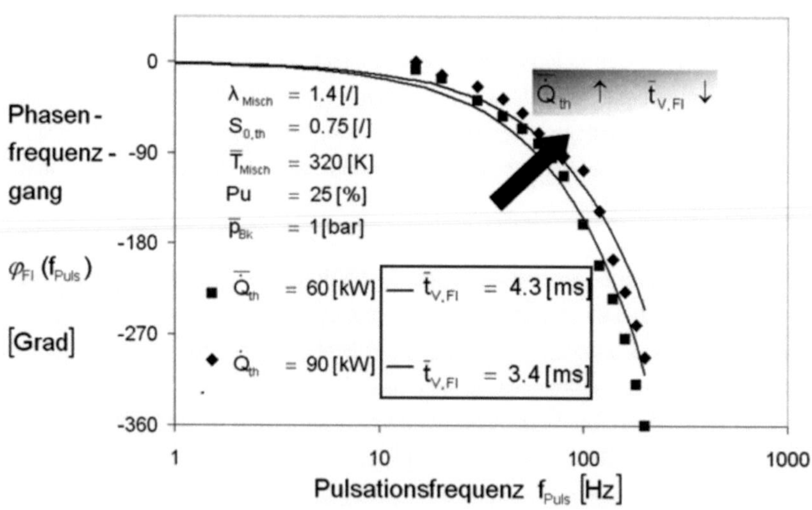

Abbildung 5-4 Phasenfrequenzgänge φ_{FI}(f_{Puls}) der Erdgas-LP-Drallflammen unter Variation der **mittleren thermischen Leistung** $\overline{\dot{Q}}_{th}$

Abbildung 5-4 zeigt beispielhaft den ermittelten Frequenzgang des Phasenwinkels $\varphi_{FI}(f_{Puls})$ von vorgemischten Erdgasdrallflammen einer mittleren thermischen Leistung $\overline{\dot{Q}}_{th}$ von 60 und 90 kW. Dabei beträgt die Gemischluftzahl $\lambda_{Misch} = 1{,}4$. Die theoretische Drallzahl wurde auf $S_{0,th} = 0{,}75$, die Gemischtemperatur auf $T_{Misch} = 320$ K und der Pulsationsgrad auf Pu = 25 % eingestellt. Zusätzlich sind die mit dem Modell des idealen Totzeitgliedes berechneten Verläufe für die jeweilige thermische Leistung eingezeichnet. Das Modell des idealen Totzeitgliedes mit einer aus den Messungen ermittelten, konstanten Flammenverzugszeit $\overline{t}_{V,FI}$, beschreibt unabhängig von der Anregungsfrequenz f_{Puls} mit sehr guter Übereinstimmung den vollständigen Verlauf der ermittelten Phasenfrequenzgänge. Weiterhin zeigt sich, dass mit steigender thermischer Leistung der Phasenfrequenzgang flacher, also einer geringeren mittleren Flammenverzugszeit $\overline{t}_{V,FI}$ entsprechend, verläuft.

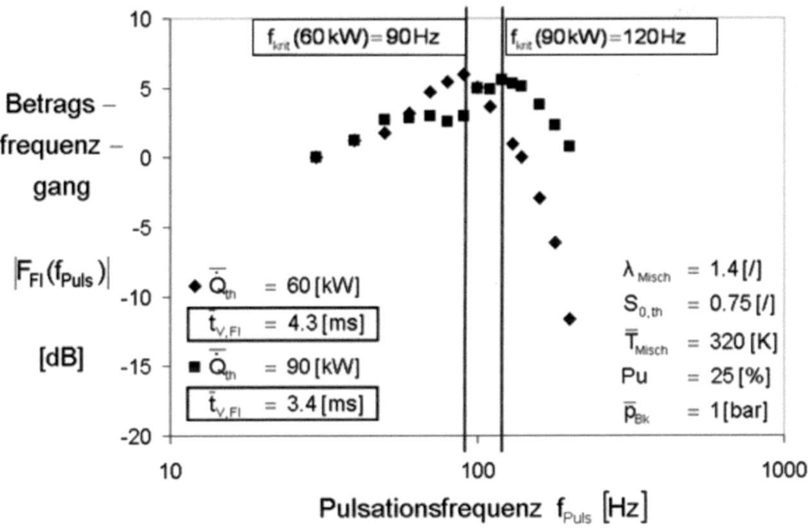

Abbildung 5-5 Betragsfrequenzgänge $\left|F_{FI}(f_{Puls})\right|$ der Erdgas- LP- Drallflammen unter Variation der **mittleren thermischen Leistung** $\overline{\dot{Q}}_{th}$

Die zugehörigen Betragsfrequenzgänge $\left|F_{FI}(f_{Puls})\right|$ der Erdgas- LP- Drallflammen bei $\overline{\dot{Q}}_{th} = 60$ und 90 kW sind in Abbildung 5-5 gezeigt. Beide zeigen dabei den für Vormischdrallflammen typischen und in Kapitel 3.4.2 erläuterten, zweigeteilten Verlauf. Nach einem Anstieg im ersten Teil des Betragsfrequenzganges bis zur kritischen Anregungsfrequenz f_{krit}, bewirkt durch ein geändertes Entrainmentverhalten von zeit-periodischen schwankenden, gegenüber stationären Drallströmungen und –flammen, folgt ein starker Abfall bei weiterer Erhöhung der Anregungsfrequenz $f_{Puls} \geq f_{krit}$. Die Abnahme des Betragsfrequenzganges bei Überschreiten der kritischen Anregungs-frequenz wird dabei durch Abnahme der Effektivwerte der OH*-Strahlungsintensität durch die periodische Bildung und Abreaktion großskaliger, turbulenter Ringwirbel-strukturen unter Erhöhung der lokalen Luftzahlen verursacht [13, 24].

Weiterhin wird sichtbar, dass mit erhöhter thermischer Leistung die kritische Fre-quenz f_{krit} und somit der Beginn der Wechselwirkung der Ringwirbel mit dem Verbrennungsablauf zu höheren Frequenzen hin verschoben ist.

Nach Gleichung 3-56 und für den vorliegenden Fall, dass Pu = 25% = konst., muss die **kritische Strouhalzahl** Str_{krit} **eine Konstante** gemäß Gleichung 5-1 sein.

$$Str_{krit} = \left(\frac{f_{krit} \cdot \overline{x}_{OH,max}}{\overline{u}_{vol,ax}} \right)_{krit} = C \;\; ; \;\; \text{für Pu=konst.} \qquad \text{Gleichung 5-1}$$

Nach Gleichung 3-62 und Gleichung 5-1 erhöht sich demnach f_{krit} entgegengesetzt proportional zu einer sinkenden flammeninternen Verzugszeit $\overline{t}_{V,Fl}$. Gemäß Gleichung 3-68 ($\overline{t}_{V,Fl} \sim (\overline{\dot{Q}}_{th})^{0,5}$) lässt sich die flammeninterne Verzugszeit $\overline{t}_{V,Fl}$ in Ab-hängigkeit der mittleren thermischen Leistung skalieren. Ausgehend von einer mittle-ren thermischen Leistung von $\overline{\dot{Q}}_{th}$ = 60 kW und einer kritischen Pulsationsfrequenz von $f_{krit}(60\,kW) \cong 90\,Hz$ gemäß Abbildung 5-5 entspräche die zu einer mittleren ther-mischen Leistung von $\overline{\dot{Q}}_{th}$ = 90 kW zugehörige berechnete kritische Pulsationsfre-quenz $f_{krit}(90\,kW)_{calc} = 114\,Hz$, was in sehr guter Näherung mit der experimentell er-mittelten Frequenz $f_{krit}(90\,kW)_{exp} \cong 120\,Hz$ übereinstimmt.

Die abgeleitete Gesetzmäßigkeit wird in Abbildung 5-6 deutlich, worin die Betrags-frequenzgänge in Abhängigkeit der Strouhalzahl gemäß Gleichung 5-1 aufgetragen sind. Dabei bestätigt sich, dass gemäß Gleichung 3-56 der Beginn der Wechselwir-kung der sich periodisch bildenden und reagierenden Ringwirbelstrukturen mit dem

Verbrennungsprozess für einen konstanten Pulsationsgrad Pu = konst. bei einer konstanten, kritischen Strouhalzahl auftritt.

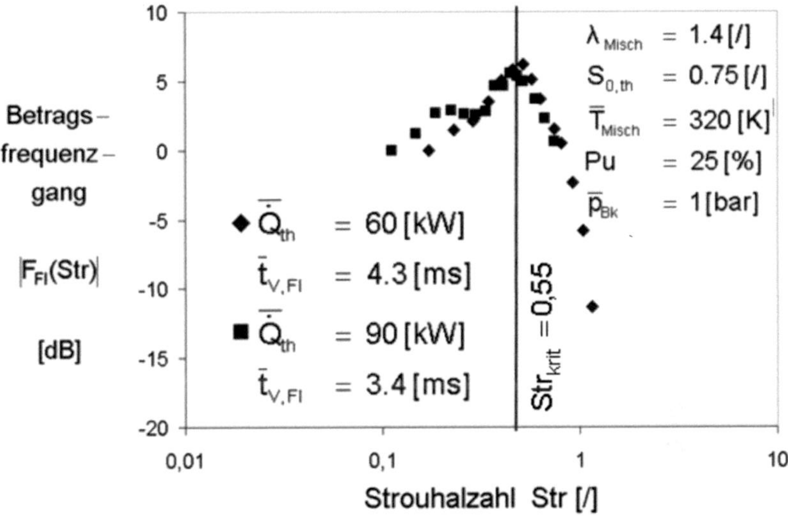

Abbildung 5-6 Normierte Betragsfrequenzgänge $|F_{Fl}(Str)|$ der Erdgas- LP-Drall-flammen unter Variation der mittleren **thermischen Leistung** $\overline{\dot{Q}}_{th}$

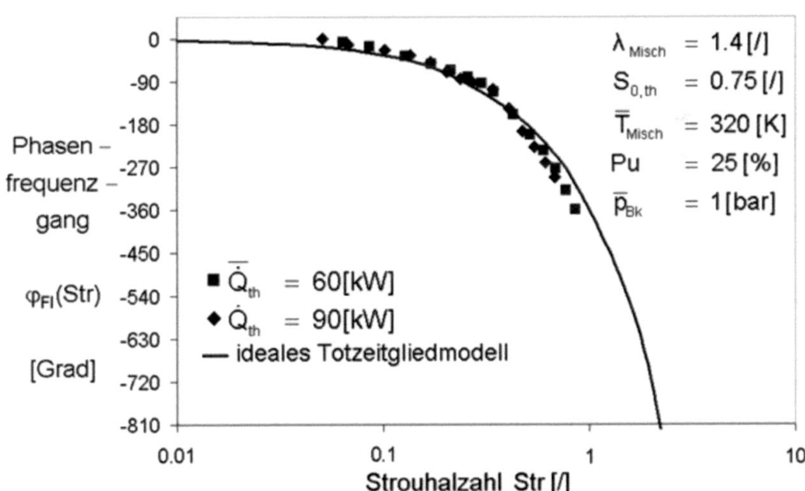

Abbildung 5-7 Normierte Phasenfrequenzgänge $\varphi_{Fl}(Str)$ der Erdgas-LP-Drall-flammen unter Variation der mittleren **thermischen Leistung** $\overline{\dot{Q}}_{th}$

Abbildung 5-7 zeigt die gemessenen Phasenfrequenzgänge, aufgetragen über der Strouhalzahl Str und berechnet mit den experimentell ermittelten mittleren Flammenverzugszeiten $\bar{t}_{V,Fl}$ (Abbildung 5-4). Die sehr stark leistungsabhängigen Phasenfrequenzgänge fallen dabei mit dem mit der Strouhalzahl normierten Verlauf des idealen Totzeitgliedmodells zusammen und lassen sich folglich so vorhersagen.

5.2.2 *Überprüfung der Skalierungsgesetze anhand experimenteller Daten*

Der Phasendifferenzwinkel $\varphi_{\dot{Q}_{th}-\dot{m}_d}$ ist gemäß Kapitel 3.1 das entscheidende Kriterium der Flamme zur Erfüllung der Phasenbedingung nach Nyquist (Gleichung 3-3) und somit für das Auftreten selbsterregter, periodischer Verbrennungsinstabilitäten. Nach Gleichung 3-60 ist dieser Phasendifferenzwinkel der Flamme eine Funktion der Flammenverzugszeit $\bar{t}_{V,Fl}$. Skalierungsgesetze für die Abhängigkeiten dieser Flammenverzugszeit von den relevanten Betriebsparametern ermöglichen daher - ausgehend von nur **einer vollständig dokumentierten Betriebsparameterkombination**, die zu selbsterregten, periodischen Verbrennungsinstabilitäten führt - die Vorhersage aller weiteren „kritischen" Kombinationen aus Betriebsparametern, die zu eben diesem kritischen Phasendifferenzwinkel der Flamme $\varphi_{Fl,krit}$ führen.

Mit Hilfe der in Kapitel 3.4.3 vorgestellten und diskutierten Skalierungsgesetze können die Totzeiten des Systems Vormischflamme, also die besagten mittleren Flammenverzugszeiten vorhergesagt werden. Ziel dieses Kapitels ist es, diese Skalierungsgesetze mittels der experimentell aus den Untersuchungen unter Zwangserregung (Flammenfrequenzgang-Messungen) ermittelten Flammenverzugszeiten für das entwickelte Brennerkonzept zu überprüfen und damit die Universalität dieser Skalierungsvorschriften zu beweisen.

Die präsentierten Messungen der Flammenverzugszeiten für die systematischen Variationen der Betriebsparameter Vorwärmtemperatur T_{Misch} , Gemischluftzahl λ_{Misch} , Brennstoffe und theoretische Drallzahl $S_{0,th}$ wurden nach der Vorgehensweise gemäß Kapitel 5.2.1 durchgeführt, ausgewertet (Anhang: Abbildung 10-1 bis Abbildung 10-4) und den Skalierungsgesetzen gegenüber gestellt.

Zunächst ist in Abbildung 5-8 das Skalierungsgesetz für die mittlere thermische Leistung gemäß Gleichung 3-68 gegenüber den in Kapitel 5.2.1 vorgestellten Messungen aufgetragen.

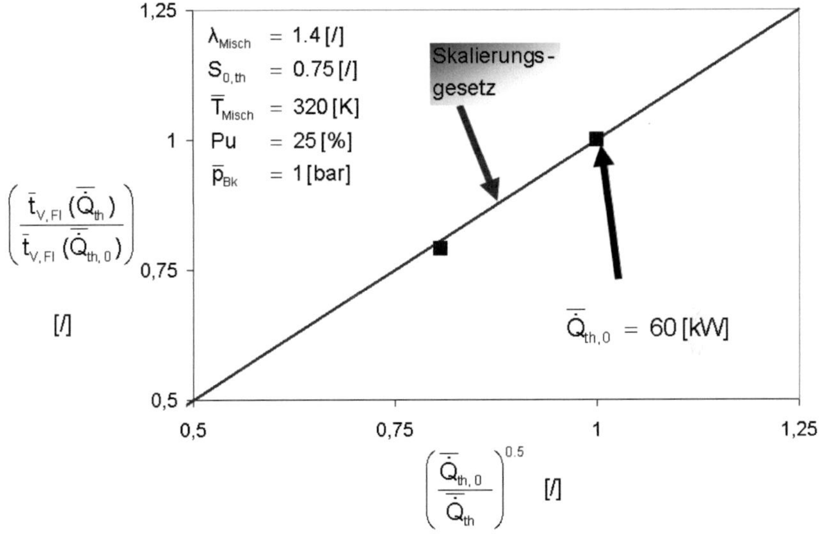

Abbildung 5-8 Skalierungsgesetz für die Verzugszeit $\overline{t}_{V,Fl}$ von Vormischflammen in Abhängigkeit der **mittleren thermischen Leistung** $\overline{\dot{Q}}_{th}$

Die aus den zugehörigen Flammenfrequenzgang – Messungen ermittelten mittleren Flammenverzugszeiten für eine mittlere thermische Leistung von $\overline{\dot{Q}}_{th}$ = 60 und 90kW, lassen sich mit dem vorgestellten Skalierungsgesetz sehr gut skalieren und bestätigen damit die in Kapitel 3.4.3 vorgestellten Überlegungen und Erkenntnisse.

Abbildung 5-9 zeigt die Gegenüberstellung der aus den Messungen der Flammenfrequenzgänge in Abhängigkeit der Gemischluftzahl λ_{Misch} ermittelten mittleren Flammenverzugszeiten $\overline{t}_{V,Fl}$ (Abbildung 10-1) und dem Skalierungsgesetzes nach Gleichung 3-69. Die experimentell ermittelten Verzugszeiten lassen sich dabei nahezu perfekt durch die anhand des physikalischen Flammenmodells abgeleiteten Skalierungsvorschrift [12, 20, 23] beschreiben und damit vorhersagen.

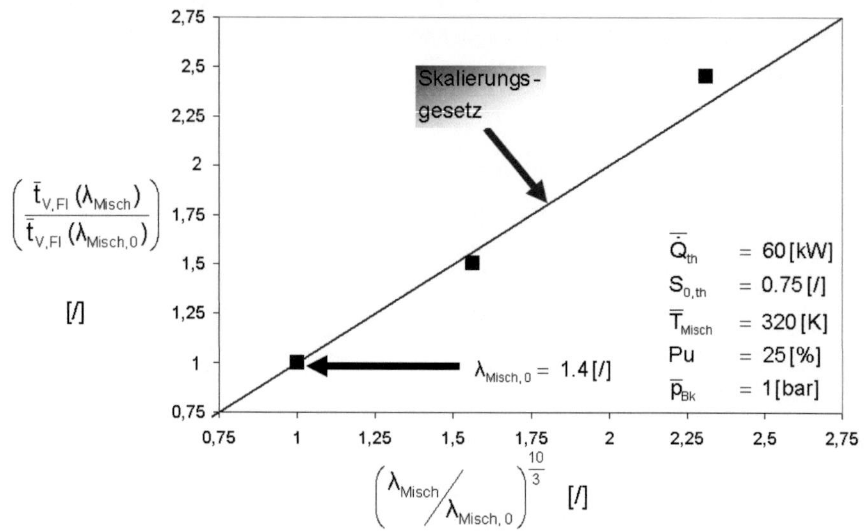

Abbildung 5-9 Skalierungsgesetz für die Verzugszeit $\bar{t}_{V,Fl}$ von Vormischflammen in Abhängigkeit der **Gemischluftzahl** λ_{Misch}

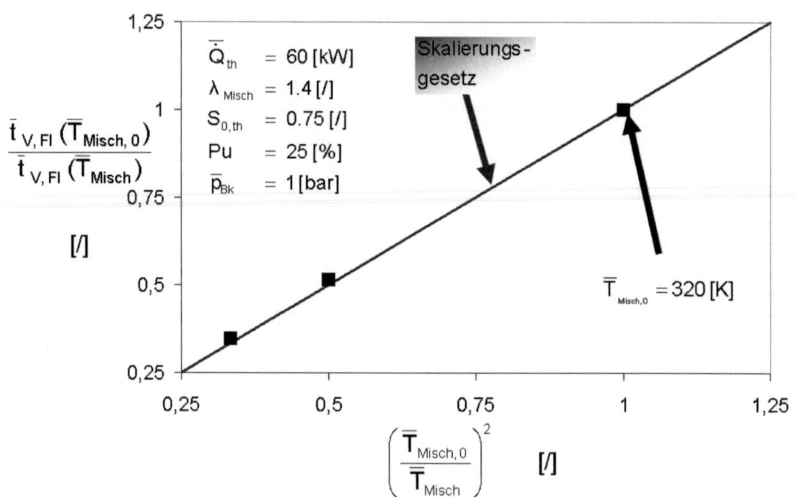

Abbildung 5-10 Skalierungsgesetz für die Verzugszeit $\bar{t}_{V,Fl}$ von Vormischflammen in Abhängigkeit der **Vorwärmtemperatur** $\bar{T}_{Misch}$

In Abbildung 5-10 ist zu erkennen, dass das vorgestellte physikalische Flammenmodell [12, 13, 20, 23] und das daraus abgeleitete Skalierungsgesetz (Gleichung 3-70) weiterhin in der Lage ist, die experimentell mit Hilfe des entwickelten Vormischdrallbrenners erzielten Flammenverzugszeiten in Abhängigkeit der Vorwärmtemperatur des Gemisches (Abbildung 10-2) in sehr guter Übereinstimmung abzubilden.

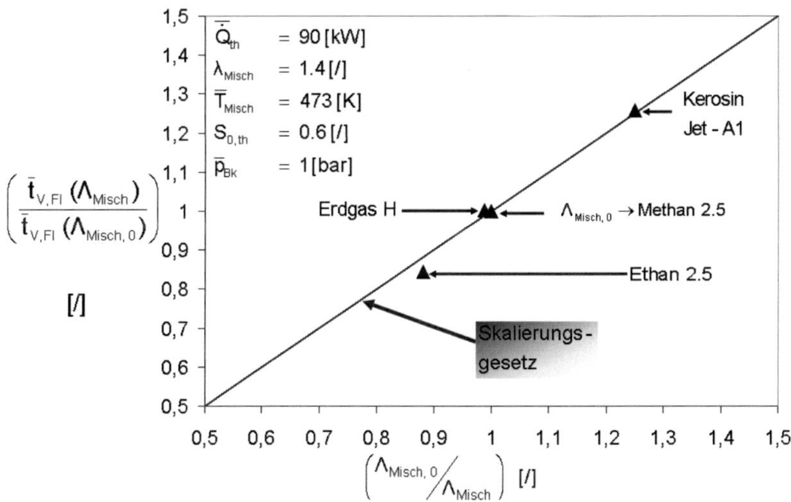

Abbildung 5-11 Skalierungsgesetz für die Verzugszeit $\bar{t}_{V,Fl}$ von LP(P)-Flammen in Abhängigkeit der **Brennstoff-Art** (laminare Brenngeschwindigkeit des eingesetzten Brennstoff-Luft-Gemisches Λ_{Misch})

Die Ergebnisse aus den erstmalig für Ethan-, Methan-, Kerosin- und Erdgasluftgemische durchgeführten Flammenfrequenzgangsmessungen [18] bezüglich der mittleren Flammenverzugszeit in Abhängigkeit der eingesetzten Brennstoffe (Abbildung 10-3) zeigen, dass das vorgestellte physikalische Flammenmodell für unterschiedliche Brennstoffe (Gleichung 3-71) und unterschiedliche Verbrennungskonzepte (LP- und LPP) Gültigkeit besitzt (Abbildung 5-11).

Die aus den durchgeführten Messungen der Flammenfrequenzgänge in Abhängigkeit der eingestellten theoretischen Drallzahl bestimmten, mittleren Flammenverzugszeiten (Abbildung 10-4) sind in Abbildung 5-12 dargestellt. Auch wenn, wie in Kapitel 2.1.1 und 3.4.3 diskutiert, die theoretische Drallzahl kein strenger Ähnlichkeitsparameter bezüglich der Flammenverzugszeit sein kann [18, 20], konnte eine brennerspezifische Berechnungsvorschrift für die Vorhersage der Flammenverzugszeiten abgeleitet werden. Dabei ergibt sich der Exponent n = 0,25 als Näherungswert zur Beschreibung der experimentellen Ergebnisse durch die Skalierungsvorschrift aus Gleichung 3-72.

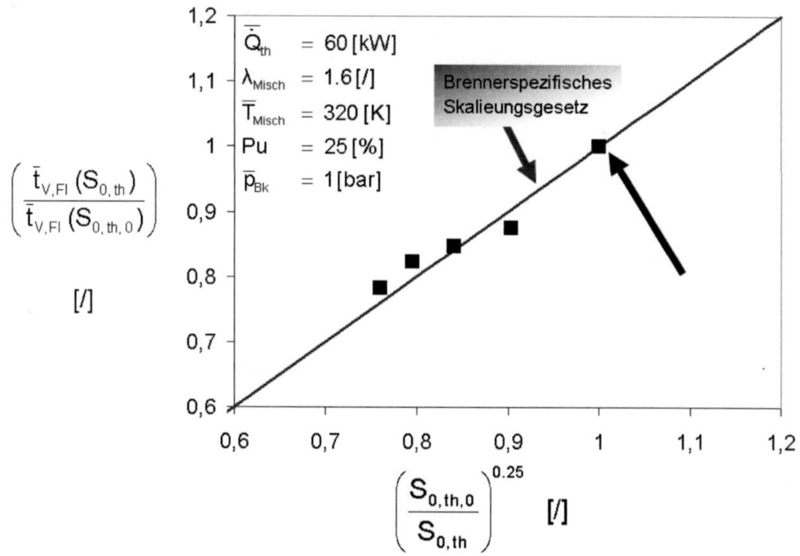

Abbildung 5-12 Spezifisches Skalierungsgesetz für die Verzugszeit $\bar{t}_{V,Fl}$ von Vormischflammen in Abhängigkeit der **theoretischen Drallzahl** $S_{0,th}$

Für das entwickelte Brennerkonzept für atmosphärische Betriebsdrücke konnten demnach alle in Kapitel 3.4.3 eingeführten Skalierungsgesetze für die Flammenverzugszeiten [12, 13, 18, 20, 23] in Abhängigkeit der relevanten Betriebsparameter bestätigt werden. Es ist somit gerechtfertigt, dass der vorgestellte Brenner als Vorlage für eine Konzeptskalierung für Betriebsdrücke bis 20 bar diente.

Darüber hinaus konnten erstmalig Flammenfrequenzgangsmessungen unter systematischer Variation der Brennstoffe realisiert und ein Skalierungsgesetz für die Vorhersage der auftretenden brennstoffabhängigen Flammenverzugszeiten abgeleitet und bewiesen werden, unabhängig davon, ob es sich um ein vormischendes (Methan, Ethan, Erdgas) oder vormischend, vorverdampfendes (Kerosin) Verbrennungskonzept handelt.

5.2.3 *Flammenfrequenzgänge unter Variation des mittleren Betriebsdruckes*

Den Einfluss des mittleren Betriebsdruckes auf das dynamische Verhalten von hoch-turbulenten Vormischflammen in Form der zugehörigen Flammenfrequenzgänge zu untersuchen und die Gültigkeit der daraus abgeleiteten Gesetzmäßigkeiten für die Vorhersage selbsterregter, periodischer Verbrennungsinstabilitäten in Abhängigkeit des mittleren Betriebsdrucks zu überprüfen, ist die wichtigste Zielsetzung der vorliegenden Arbeit.

Im Folgenden sind die mit der in Kapitel 4.2.3 beschriebenen Versuchsanlage ermittelten **Flammenfrequenzgangsmessungen unter erhöhtem Betriebsdruck** beschrieben. Abbildung 5-13 zeigt dabei die Phasenfrequenzgänge für Ergas LP-Flammen für Betriebsdrücke von $\overline{p}_{Bk}$ = **2, 3, 4 und 5 bar**. Hierbei wurden konstante Betriebsrandbedingungen bezüglich der Vorwärmtemperatur des Gemisches (T_{Misch} = 293 K = konst.), der Gemischluftzahl (λ_{Misch} = 1,5 = konst.), der theoretischen Drallzahl ($S_{0,th}$ = 0,75 = konst.) und der mittleren volumetrischen Austrittsgeschwindigkeit aus dem Brenner in die Brennkammer ($u_{d,vol,ax}$ = 10 m/s = konst.) gewährleistet. In Abbildung 5-13 rot umrandet dargestellt sind die ermittelten mittleren Flammenverzugszeiten für den jeweiligen Betriebsdruck.

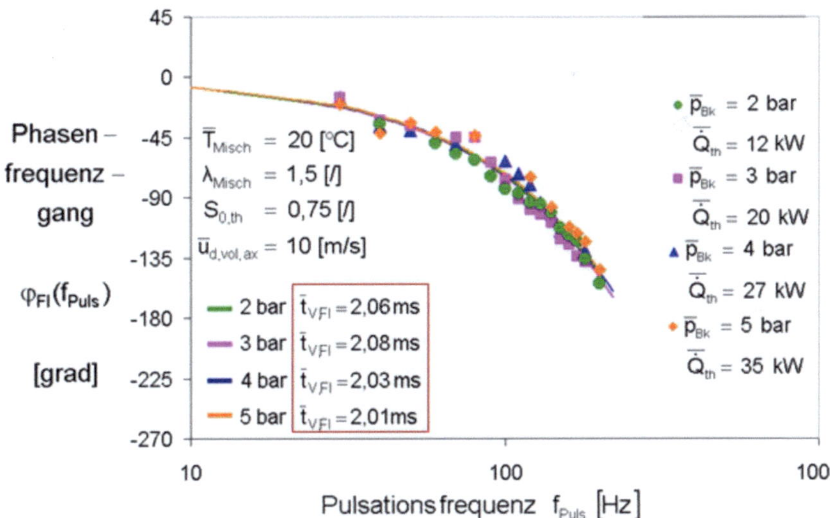

Abbildung 5-13 Phasenfrequenzgänge $\varphi_{Fl}(f_{Puls})$ der Erdgas- LP- Drallflammen unter Variation des **mittleren Betriebsdruckes** $\overline{p}_{Bk}$

Es ist anhand Abbildung 5-13 festzustellen, dass die Phasenfrequenzgänge der realisierten Flammen bei systematischer Variation des Betriebsdruckes in der Brennkammer nahezu zusammenfallen, was gemäß dem idealen Totzeitmodell (Kapitel 3.4.2) einer konstanten, druckunabhängigen mittleren Gesamtverzugszeit der Flamme entspricht, die im vorliegenden Experiment $\bar{t}_{V,FI} \cong 2{,}0\,\text{ms} = \text{konst.}$ beträgt. Die maximale Abweichung vom Durchschnittswert beträgt dabei 0,035 ms oder 1,75 %.

Dieser Einfluss der Variation des mittleren Brennkammerdruckes auf den Phasenfrequenzgang und damit auf die mittlere flammeninterne Gesamtverzugszeit von hochturbulenten Vormischflammen lässt sich gemäß den Überlegungen in Kapitel 2.3.4 und 3.4.3 und in guter Übereinstimmung mit den Arbeiten von Andrews et.al. [62, 63], H.P. Schmid [57], Damköhler [58], Borghi [61] und Büchner [12, 13] gemäß Gleichung 5-2 beschreiben. Hiernach gilt für die turbulente Brenngeschwindigkeit Λ_{turb}

$$\Lambda_{turb} = \Lambda_{lam} \cdot \sqrt{Re_t} \sim \Lambda_{lam} \cdot \sqrt{Re} = \Lambda_{lam} \cdot \sqrt{\frac{\rho_{Misch} \cdot d_{äq,d} \cdot \bar{u}_{vol,ax,b}}{\mu_{Misch}}} \qquad \text{Gleichung 5-2}$$

Unter Berücksichtigung von Gleichung 5-3 gemäß Kapitel 2.3.4 und 3.4.3 [12, 20, 57]

$$Re_t \sim Re_d \sim \bar{p}_{Misch} \sim \bar{p}_{Bk} \;\; ; \;\; \text{für } T_{Misch}; \; \bar{u}_{d,vol,ax}; \; \lambda_{Misch} = \text{konst.} \qquad \text{Gleichung 5-3}$$

und den Ergebnissen von Lauer und Leuckel [71, 72] zur Druckabhängigkeit der laminaren Brenngeschwindigkeit von Methan – Vormischflammen (Gleichung 5-4)

$$\Lambda_{lam} \sim \frac{1}{\sqrt{\bar{p}_{Bk}}}; \quad 1{,}2 < \lambda_{Misch} < 1{,}8 \qquad \text{Gleichung 5-4}$$

vereinfacht sich Gleichung 5-2 zu Gleichung 5-5

$$\Lambda_{turb} \sim \frac{\sqrt{\bar{p}_{Bk}}}{\sqrt{\bar{p}_{Bk}}} = \text{konst.} \qquad \text{Gleichung 5-5}$$

Damit gilt nach Gleichung 3-66 und Gleichung 5-5 für die Druckabhängigkeit der mittleren Gesamtverzugszeit $\bar{t}_{V,FI}$ Gleichung 5-6.

$$\frac{\bar{t}_{V,Fl}(\bar{p}_{Bk})}{\bar{t}_{V,Fl,0}(\bar{p}_{Bk,0})} = \frac{\Lambda_{turb,0}(\bar{p}_{Bk,0})}{\Lambda_{turb}(\bar{p}_{Bk})} = 1 = \text{konst.} \qquad \text{Gleichung 5-6}$$

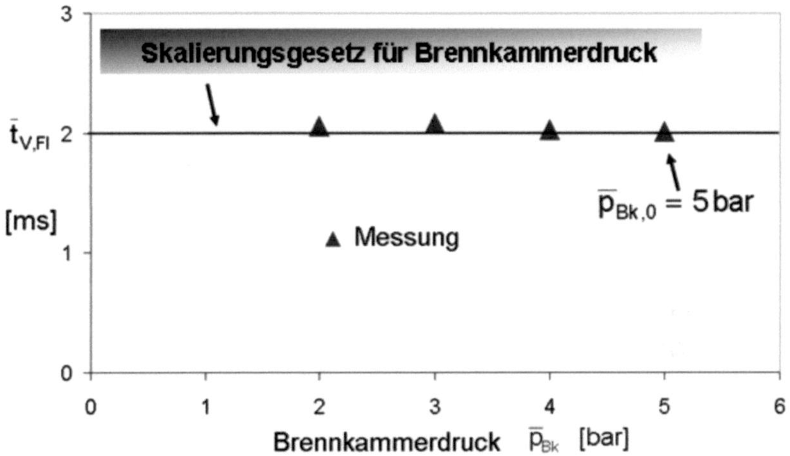

Abbildung 5-14 Skalierungsgesetz für die Verzugszeit $\bar{t}_{V,Fl}$ von Erdgas-LP-Flammen in Abhängigkeit des **mittleren Betriebsdruckes** $\bar{p}_{Bk}$

Gleichung 5-6 bestätigt analytisch die in Abbildung 5-13 experimentell gezeigten Ergebnisse, wonach die Gesamtverzugszeit hochturbulenter Vormischflammen keine Druckabhängigkeit zeigt. Die experimentell ermittelten Verzugszeiten der untersuchten Vormischflammen in Abhängigkeit des Betriebsdruckes (Abbildung 5-13) und die mit Gleichung 5-6 postulierte Skalierungsvorschrift sind in Abbildung 5-14 gegenüber dem Betriebsdruck in der Brennkammer aufgetragen. Dabei zeigt sich eine nahezu perfekte Übereinstimmung von Experiment und analytischem Flammenmodell.

Dies wird ebenfalls durch die Untersuchungen von Griebel et.al. [78, 79, 80] zur druckabhängigen Flammenlänge von stationären Vormischflammen bestätigt. Demnach zeigen, wie in Kapitel 3.4.3 beschrieben, hochturbulente, stationäre – also nicht schwingende oder pulsierte - Vormischflammen unter Variation des Betriebsdruckes eine konstante Flammenlänge. Dies hat bei fester Düsenaustrittsgeschwindigkeit eine druckunabhängig konstante Verzugszeit der jeweiligen Vormischflamme zur Folge.

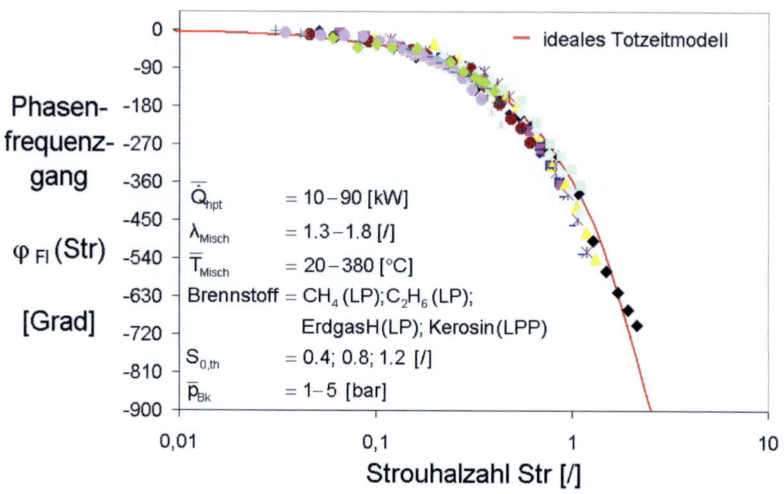

Abbildung 5-15 Normierte Phasenfrequenzgänge φ_{FI}(Str) von Vormischflammen unter Variation aller relevanter Betriebsparameter

Gemäß der Vorgehensweise in Kapitel 5.2.1 sind in Abbildung 5-15 alle gemessenen Phasenfrequenzgänge als Funktion der Strouhalzahl aufgetragen. Dies beinhaltet die Messungen unter Variation der **mittleren thermischen Leistung** (Abbildung 5-4), der **Gemischluftzahl** (Abbildung 10-1), der **Vorwärmtemperatur** (Abbildung 10-2), der eingesetzten **Brennstoffe** (Abbildung 10-3) und der **theoretischen Drallzahl** (Abbildung 10-4), die mittels der in Kapitel 4.2.1 beschriebenen Niederdruckversuchseinheit ermittelt wurden zusammen mit den Phasenfrequenzgängen unter Variation des **mittleren Betriebsdruckes** (Abbildung 5-13).

Dabei ist zu erkennen, dass die Phasenfrequenzgangsfunktionen $\varphi_{FI}(f_{Puls})$ mit ihrer starken Abhängigkeit von den gewählten Betriebsparametern auf einen einheitlichen Verlauf φ_{FI}(Str) normiert werden können, der mit sehr guter Übereinstimmung dem vorhergesagten Phasenfrequenzgang mit dem Modell des idealen Totzeitgliedes entspricht (Abbildung 3-16). Diese Normierung gilt demnach sowohl für die Variation **aller relevanter Betriebsparameter** ($\dot{Q}_{th}$, λ_{Misch}, T_{Misch}, Brennstoff, $S_{0,th}$, $\overline{p}_{Bk}$), für **unterschiedliche Versuchsanlagen** (Hochdruck- und Niederdruck-Anlage gemäß Kapitel 4.2), **unterschiedliche Brennersysteme** und für **unterschiedliche Betriebsweisen** (LP und LPP- Gemischbildung). Damit ist die universelle Gültigkeit des vorgestellten physikalischen Modells zur Beschreibung des dynamischen Flammenverhaltens [12, 13, 14, 15] erstmalig auch für einen weiten Bereich unterschiedlicher Brennstoffe, für unterschiedliche Versuchsanlagen, Brennersysteme und v.a. in Abhängigkeit des mittleren Brennkammerdruckes nachgewiesen.

5.3 Stabilitätsgrenzen in Abhängigkeit des mittleren Betriebsdruckes

Im vorangegangenen Kapitel konnte erstmalig ein physikalisches Modell zur Beschreibung des dynamischen Verhaltens von Vormischflammen analytisch formuliert und experimentell **für alle in technischen Hochtemperaturanwendungen relevanten Betriebsparameter** nachgewiesen werden. Nachfolgend ist es zunächst das Ziel anhand einer experimentell ermittelten **Stabilitätskarte**, das Phänomen des Auftretens von **selbsterregten** – also nicht fremdpulsierten - **Verbrennungsinstabilitäten** unter erhöhtem Betriebsdruck experimentell zu dokumentieren. Im Anschluss werden diese experimentellen Daten dazu herangezogen, die Gültigkeit des zuvor beschriebenen physikalischen Flammenmodells bezüglich der Vorhersage und **Skalierbarkeit der Stabilitätsgrenzen** im Bezug auf das druckabhängige Auftreten von selbsterregten Verbrennungsschwingungen zu überprüfen.

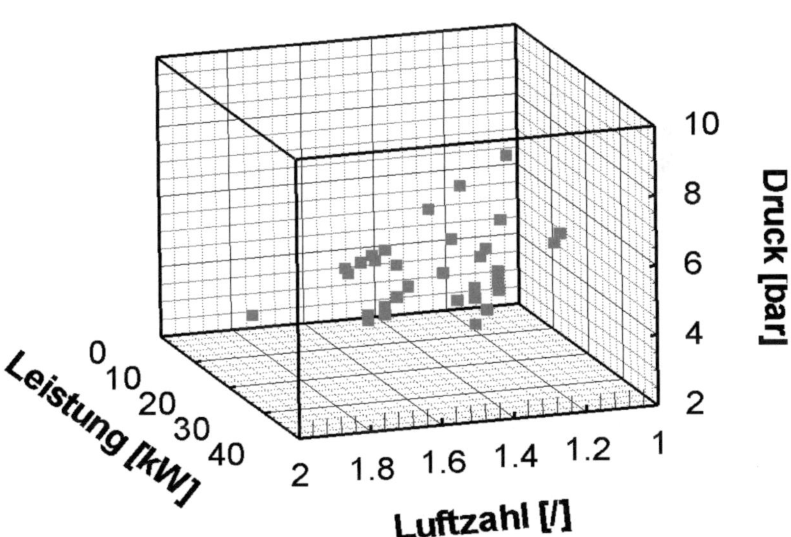

Abbildung 5-16 Betriebsparameterkombinationen (Stabilitätskarte) selbsterregter, periodischer Verbrennungsinstabilitäten von Erdgasvormischflammen unter erhöhtem Betriebsdruck

Die in Kapitel 4.2.3 beschriebene Versuchsanlage zur Untersuchung selbsterregter Druck-/Flammenschwingungen unter erhöhtem Betriebsdruck wurde zur Ermittlung der in Abbildung 5-16 dargestellten Stabilitätskarte eingesetzt. Dabei wurde die mittlere thermische Leistung in einem Bereich von $\overline{\dot{Q}}_{th} = 10 - 35\,kW$, die Gemischluftzahl von $\lambda_{Misch} = 1{,}2 - 1{,}7$ und der mittlere **Betriebsdruck in der Brennkammer** $\overline{p}_{Bk} = \mathbf{2{,}8 - 9\ bar}$ variiert. Die Vorwärmtemperatur des Gemisches ($T_{Misch} = 293\,K$), die theoretische Drallzahl am Brenneraustritt ($S_{0,th} = 0{,}75$), der eingesetzte Brennstoff (Erdgas H) und die mittlere volumetrische Brenneraustrittsgeschwindigkeit ($\overline{u}_{d,vol,ax} = 8{,}5\ m/s$) wurden dabei konstant gehalten. Die in Abbildung 5-16 eingetragenen **Messpunkte repräsentieren** Betriebsparameterkombinationen, die bei gegebener und konstanter Resonatorgeometrie zu **selbsterregten Verbrennungsinstabilitäten** führen. Dabei kommt es zu Amplituden des Brennkammerdruckes von bis zu $\hat{p}_{Bk} \cong 1200\ Pa$ bei nahezu konstanten Schwingungsfrequenzen von $f_{Schwing} \cong 98\,Hz \cong konst$. Neben der expliziten tabellarischen Auflistung der in Abbildung 5-16 präsentierten Parameterkombinationen (Abbildung 10-5) sind im Anhang (Kapitel 10) auch charakteristische Zeitverläufe und Frequenzspektren des Drucksignals in der Brennkammer abgebildet. Weiterhin sind in Kapitel 10 charakteristische Zeitverläufe und Frequenzspektren der Photomultiplierspannung, welche die periodische Wärmefreisetzungsrate repräsentiert und der mittels CTA am Brenneraustritt aufgenommenen Hitzdrahtbrückenspannung abgebildet (Abbildung 10-6 bis Abbildung 10-11).

In Abbildung 5-17 sind die zu den in Abbildung 5-16 gezeigten Messpunkten zugehörigen, experimentell ermittelten kritischen Phasenwinkel $\varphi_{Fl,krit}$ der jeweiligen Flammen über der Strouhalzahl aufgetragen. Zusätzlich ist der Phasendifferenzwinkel als Funktion der Strouhalzahl gemäß dem idealen Totzeitgliedgesetz (Abbildung 3-16) abgebildet. Entsprechend den Erkenntnissen von Büchner et.al. [12, 13, 14, 15, 18, 20, 21, 22, 23, 24, 25] für atmosphärischen Brennkammerdruck, fallen auch für erhöhte Betriebsdrücke in Abbildung 5-17 alle ermittelten Betriebspunkte, die zu selbsterregten Verbrennungsinstabilitäten führen bei nahezu einem konstanten kritischen Phasenwinkel $\varphi_{Fl,krit} \cong -220°$ und einer kritischen Strouhalzahl $Str_{krit} \cong 0{,}6$ mit dem Verlauf des idealen Totzeitgliedmodells zusammen. Damit wird klar, dass auch im Hochdruckfall für voll ausgebildete, selbsterregte Verbrennungsinstabilitäten genau **ein** kritischer Phasenwinkel die Phasenbedingung nach Nyquist (Gleichung 3-3) erfüllt und damit die Verbrennungsschwingung aufrecht erhält. Weiterhin ist damit bestätigt, dass auch für den Fall selbsterregter periodischer Verbrennungsinstabilitäten unter erhöhtem Betriebsdruck die Vormischflamme analog zum Fall der Fremdanregung das regelungstechnische Verhalten eines idealen Totzeitgliedes aufweist.

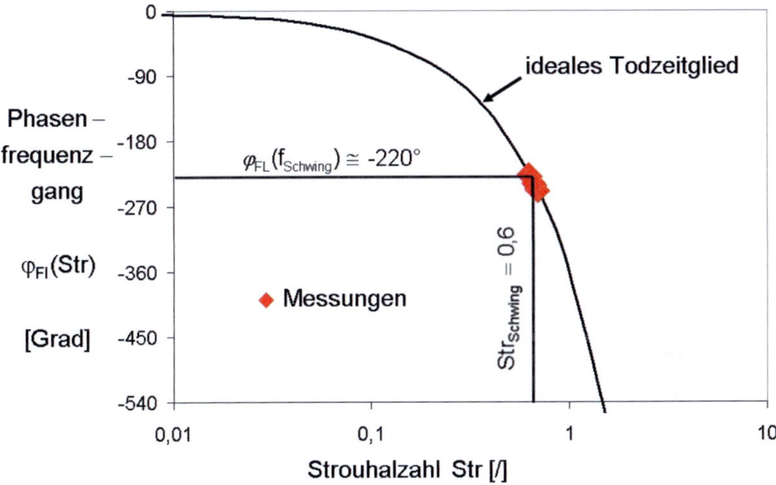

Abbildung 5-17 Phasendifferenzwinkel $\varphi_{Fl,krit}$ der Ergasvormischflammen unter erhöhtem Betriebsdruck bei Auftreten selbsterregter, periodischer Verbrennungsinstabilitäten

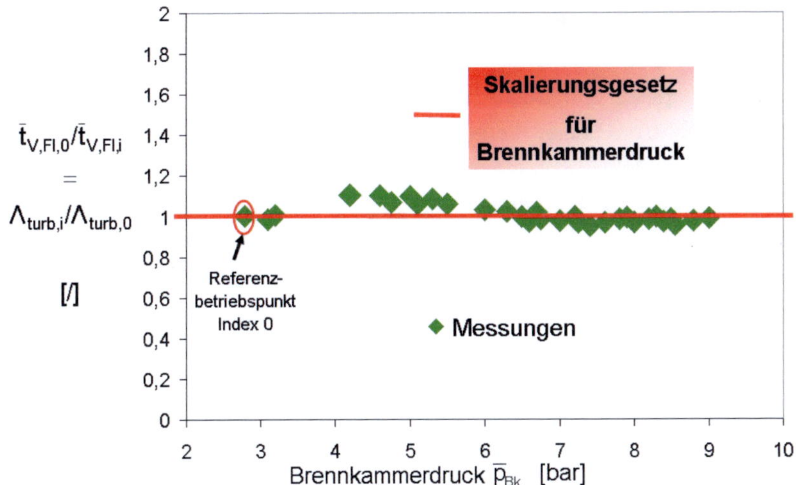

Abbildung 5-18 Skalierungsgesetz für selbsterregte, periodische Verbrennungsinstabilitäten in Abhängigkeit aller relevanten Betriebsparameter

Abbildung 5-18 zeigt, aufgetragen über dem jeweiligen Betriebsdruck, die messtech-nisch erfassten Flammenverzugszeiten der in Abbildung 5-16 präsentierten Mess-punkte, die zu selbsterregten periodischen Verbrennungsinstabilitäten führten, ent-dimensioniert mit der Flammenverzugszeit des Betriebspunktes bei $\overline{p}_{Bk} = 2{,}8$ bar. Demgegenüber konnten zusätzlich die mit Hilfe der in Kapitel 3.4.3 und 5.2.3 aufge-stellten Skalierungsvorschriften [12, 20, 21, 22, 23] berechneten Flammenverzugs-zeiten aufgetragen werden.

Wie aus den vorangegangen Überlegungen und Erkenntnissen zu erwarten, liefern die analytisch hergeleiteten Skalierungsvorschriften (Gleichung 3-68, Gleichung 3-69 und Gleichung 5-6) für alle ermittelten Betriebsparameterkombinationen, die zu selbsterregten Verbrennungsschwingungen führten **eine konstante Flammenver-zugszeit**. Es ist zu sehen, dass dieses Ergebnis in sehr guter Übereinstimmung durch die messtechnisch ermittelten Flammenverzugszeiten bestätigt wird. Die ma-ximale Abweichung vom vorgestellten Skalierungsmodell beträgt dabei 7%. Es ergibt sich somit, dass die in Kapitel 5.2.3 für den Fall der Fremdanregung von Vormisch-flammen erarbeiteten Erkenntnisse zur Skalierbarkeit der flammeninternen Gesamt-verzugszeit in Abhängigkeit des Betriebsdruckes auf den Fall selbsterregter, periodi-scher Verbrennungsinstabilitäten übertragen werden darf.

Es kann also abschließend gezeigt werden, dass das von Büchner et.al. [12, 13, 14, 15, 18, 20, 21, 22, 23, 24, 25] entwickelte physikalische Modell zum dynamischen Verhalten von technischen Vormischflammen in der Lage ist, durch Einführung der in dieser Arbeit geleisteten Überlegungen und Untersuchungen, das Auftreten von selbsterregten, periodischen Verbrennungsinstabilitäten in Abhängigkeit aller tech-nisch relevanter Betriebsparameter vorherzusagen und zu skalieren. Die Schwierig-keit der Hersteller von Gasturbinen und anderer Verbrennungsanlagen, Ergebnisse von Untersuchungen zum Auftreten von selbsterregten Druck-/Flammen-schwingungen, die an kostengünstigen atmosphärischen Einzelbrenner-Prüfständen und Pilotanlagen ermittelt wurden, auf die druckaufgeladene Originalanlage zu über-tragen, kann durch das erarbeitete physikalische Modell und damit die Skalierbarkeit der flammenintegralen Gesamtverzugszeit in Abhängigkeit aller technisch relevanter Betriebsparameter gelöst werden. Weiterhin können die vorgestellten Erkenntnisse in der Praxis die Absicherung gegen das Auftreten von unerwünschten, selbsterregten Verbrennungsinstabilitäten bei Anlagenumbauten in Folge Modernisierungen oder Kapazitätserweiterungen von Feuerungssystemen ermöglichen.

6 <u>Zusammenfassung und Fazit</u>

Die in der Literatur beschriebenen und gemeinhin als Verbrennungsschwingungen bezeichneten Phänomene haben folgende, messbare gemeinsame Eigenschaften: Jeweils werden zeit-periodische Schwankungen des statischen Druckes in der Brennkammer beobachtet, welche bei einer oder mehreren diskreten Frequenzen auftreten. Abhängig von der auftretenden Amplitude und dem Druckübertragungsverhalten der stromauf des Brennermundes angeordneten Bauteile, können sich diese Schwankungen in dem Brenner vorgeschalteten Anlagenteile wie Luft- und Brennstoffzufuhr, Mischungseinheiten und Regeleinrichtungen hinein ausbreiten. Hierbei können sich, abhängig von den charakteristischen Zeitmaßen der zugrunde liegenden Rückkopplungsmechanismen, Schwingungen im Frequenzbereich von wenigen Hz bis hin zu mehreren kHz ausbilden.

Das am häufigsten beobachtete und als niederfrequente, selbsterregte, periodische Verbrennungsinstabilität bezeichnete Phänomen gilt als selbsterhaltend und funktioniert nach dem folgenden Mechanismus: Eine zeitliche Änderung des momentanen Frischgemisch-Massestroms an der Brennerdüse, hervorgerufen beispielsweise durch isotherme Strömungsinstabilitäten, führt nach einer charakteristischen Gesamtverzugszeit $\bar{t}_{V,Fl}$ zu einer zeitlichen Änderung der momentanen, flammenintegralen Wärmefreisetzungsrate $\dot{Q}_{th}(t)$ und damit des zugehörigen, momentanen Rauchgasmassestroms $\dot{m}_{Rg}(t)$. Die dadurch hervorgerufene Druckschwankung im Bereich der Resonanzfrequenz f_R in der als Resonator wirkenden Brennkammer $p_{Bk}(t)$ wirkt nun ihrerseits als periodischer Gegendruck gegen den Frischgemisch-Massestrom aus der Brennerdüse und verstärkt dessen ursprüngliche Schwankung. Einem unendlichen Anwachsen der Druckamplitude im System stehen die Dämpfungseigenschaften des jeweiligen Resonatortyps „Brennkammer" entgegen.

Voraussetzungen für eine selbsttätige Verstärkung und Erhaltung der Schwingung in diesem Rückkopplungskreis können mit den Stabilitätskriterien nach Rayleigh und Nyquist beschrieben werden. Bei ausreichend hoher Anregungsamplitude und geeigneter Phasenlage ist dafür das Produkt aus Wärmefreisetzungsrate und Brennkammerdruck, integriert über die Schwingungsperiode, größer Null. Zusätzlich sollen sich für die Selbsterhaltung der Verbrennungsschwingung die zeitlichen Phasenverzugswinkel zwischen Massestromschwankung am Düsenaustritt, der Wärmefreisetzungsrate der Flamme und der Druckamplitude in der Brennkammer in Summe auslöschen. Ist nun ein Verbrennungssystem im einfachsten Fall bestehend aus Brenner, Flamme und Brennkammer vorgegeben, ist auch die Geometrie des Brenners und der Brennkammer festgelegt. Wenn somit das Übertragungsverhalten (Phasendifferenzwinkelfunktion) der Komponenten „Brenner" und „Brennkammer" nahezu vorgegeben und identifiziert ist, liegt der verbleibende Freiheitsgrad zur Erfüllung der genannten Stabilitätskriterien zur Selbsterregung- und Erhaltung von periodischen Verbrennungsinstabilitäten lediglich bei der Systemkomponente „Flamme".

Das dynamische, also das frequenzabhängige Verhalten von Vormischflammen konnte in Arbeiten, auf welche die vorgestellten Untersuchungen aufbauen, als entsprechend dem regelungstechnischen frequenzabhängigen Verlauf des idealen Totzeitgliedes identifiziert werden. Weiterhin wurde gezeigt, dass diese regelungstechnische Totzeit im System Brenner-Flamme-Brennkammer einer physikalisch sinnvollen, flammeninternen Gesamtverzugszeit $\bar{t}_{V,Fl}$ entspricht. Im Zuge der diskutierten Literatur [12, 13, 14, 15, 18, 20, 21, 22, 23, 24, 25] konnte bereits ein physikalisches Flammenmodell entwickelt und nachgewiesen werden, das die Vorhersage und Skalierung dieser Verzugszeit und damit die Skalierung der Schwingungsneigung des Gesamtsystems in Abhängigkeit aller technisch relevanten, feuerungstechnischen Betriebsparameter (mittlere thermische Leistung, Gemischluftzahl, Vorwärmtemperatur, sowie der theoretischen Drallzahl und der Art der Gemischaufbereitung) für **atmosphärische Druckbedingungen** ermöglicht.

Das Ziel der vorgelegten Dissertation war es, das in der Literatur vorgestellte, physikalische Modell für **Hochdruckbedingungen** unabhängig vom eingesetzten Brennstoff weiterzuentwickeln bzw. zu verifizieren und so ein Werkzeug zu entwickeln, dass zukünftig die zuverlässige Vorhersage von periodischen Verbrennungsinstabilitäten bereits in der Konzeptionsphase von Verbrennungsanlagen wie der Gasturbine ohne zeit- und kostenintensive „trial & error" – Methoden ermöglichen kann.

Hierzu war es zunächst notwendig, eine bis 20 bar druckfeste Brennkammer zu entwickeln und ihre Resonanzcharakteristiken zu bestimmen. Es wurde eine Hochdruck-Pulsationseinheit entworfen und gebaut, mit der das frequenzabhängige Phasen- und Amplitudenverhältnis bei für Hochdruckverbrennungssysteme typischen Brennkammeraustritts- Konfigurationen ermittelt wurde. Die Analyse der so experimentell erzielten Ergebnisse konnte die entwickelte Hochdruckbrennkammer als den in Verbrennungssystemen sehr häufig auftretenden Typ des Helmholtz-Resonators identifizieren (Kapitel 5.1), dessen parameterabhängige und dämpfungsbehaftete Druckübertragungscharakteristik in der Literatur umfassend beschrieben ist [13, 15, 16, 17, 19, 121].

Im Weiteren galt es einen Versuchbrenner zu entwickeln, mit dessen Hilfe die Betriebsparameter mittlere thermische Leistung, Gemischluftzahl, Vorwärmtemperatur, sowie die theoretische Drallzahl der Brenneraustrittsströmung in weiten, technisch relevanten Bereichen stufenlos zu variieren waren. Damit konnte nachfolgend durch Messungen von Flammentransferfunktionen in Abhängigkeit dieser systematisch variierten, feuerungstechnischen Betriebsparameter, das aus der Literatur bekannte physikalische Modell zur Vorhersage und Skalierung des dynamischen Verhaltens von Vormischdrallflammen für dieses Verbrennungssystem und damit auch die Universalität des Modells für atmosphärische Druckbedingungen bestätigt werden. Weiterhin war es möglich durch Variation des eingesetzten Brennstoffes (Methan - LP-, Ethan - LP-, Erdgas - H - LP-, und Kerosin - LPP - Flammen) die Skalierungsvorschrift zur Vorhersage der Flammenverzugszeit in Abhängigkeit der Brennstoffeigenschaften herzuleiten und erstmalig experimentell nachzuweisen (Kapitel 5.2).

Darauf aufbauend konnte der nun auf Hochdruckbedingungen bis 20 bar skalierte Versuchsbrenner an die entwickelte Hochdruckbrennkammer adaptiert werden. Es wurden mittels der entwickelten Hochdruck-Pulsationseinheit erstmalig Messungen von Flammenfrequenzgängen unter Variation des mittleren Betriebsdruckes von $\bar{p}_{Bk} = 1 - 5$ bar durchgeführt. Bei der Analyse dieser Messungen zeigte sich, dass aufgetragen über der dimensionslosen Strouhalzahl alle Phasen- und Betragsfrequenzgänge unabhängig von ihrer Betriebsparameterkombination und ebenfalls unabhängig vom Versuchsbrenner mit der Phasenwinkelfunktion des idealen Totzeitgliedmodells zusammenfallen.

In einem weiteren Schritt konnte anschließend das physikalische Flammenmodell analytisch mittels der Herleitung der Druckabhängigkeit der turbulenten Brenngeschwindigkeit für hochturbulente Vormischflammen erweitert werden. Dieses analytische Modell zur druckabhängigen Vorhersage des dynamischen Verhaltens von Vormischflammen wurde mit den erzielten Messergebnissen unter Fremdanregung

(Flammentransferfunktionen) verglichen. Es zeigte sich eine nahezu perfekte Übereinstimmung (Kapitel 5.2.3).

Abschließend wurde die Übertragbarkeit des entwickelten Skalierungsgesetzes zur Vorhersage des dynamischen Verhaltens von Vormischflammen unter Druck auf den Fall selbsterregter periodischer Verbrennungsinstabilitäten überprüft. Hierzu wurde das entwickelte Hochdruckverbrennungssystem - ohne Einsatz der Pulsationseinheit - und nur durch Variation der feuerungstechnischen Betriebsparameter mittlere thermische Leistung ($\overline{\dot{Q}}_{th} = 10 - 35$ kW), Gemischluftzahl ($\lambda_{Misch} = 1{,}2 - 1{,}7$) und des Betriebsdruckes ($\overline{p}_{Bk} = 2 - 9$ bar) zur Ausbildung von selbsterregten Druck-/ Flammenschwingungen gebracht und die zugehörigen Betriebsparameterkombinationen in einer dreidimensionalen Stabilitätskarte dokumentiert. Aus der Analyse der Phasendifferenzwinkel zwischen Massestromschwankung am Düsenaustritt und der periodischen Wärmefreisetzungsrate der Flamme zeigte sich, dass im Falle selbsterregter, periodischer Verbrennungsinstabilitäten gemäß der beschriebenen Stabilitätskriterien **ein konstanter kritischer Phasenwinkel** vorherrscht, was bei vorliegender nahezu konstanter Schwingungsfrequenz nach dem Modell des idealen Totzeitgliedes **einer konstanten Gesamtverzugszeit der Vormischflamme** entspricht. Mit dem nun um den Einfluss des mittleren Betriebsdruckes erweiterten physikalischen Flammenmodell und der davon abgeleiteten Skalierungsvorschriften konnten diese Gesamtverzugszeit der jeweiligen Vormischflamme in sehr guter Übereinstimmung berechnet werden (Kapitel 5.3).

Es ist somit gelungen, das in der Literatur eingeführte physikalische Flammenmodell zur Vorhersage und Skalierung von selbsterregten, periodischen Verbrennungsinstabilitäten um den Parameter des mittleren Betriebsdrucks und des Brennstoffes zu erweitern.

Die Schwierigkeit der Hersteller von Gasturbinen und anderer Verbrennungsanlagen, Ergebnisse von Untersuchungen zum Auftreten von selbsterregten Druck-/Flammenschwingungen, die an kostengünstigen atmosphärischen Einzelbrenner-Prüfständen und Pilotanlagen ermittelt wurden, auf die druckaufgeladene Originalanlage zu übertragen, kann durch das erarbeitete physikalische Modell und damit die Skalierbarkeit der flammenintegralen Gesamtverzugszeit in Abhängigkeit aller technisch relevanter Betriebsparameter gelöst werden.

7 **Nomenklatur**

Lateinische Symbole:

A	[/]	Vergrößerungsfunktion der Amplitude
A	$[m^2]$	Fläche
c	$[kg/s^2]$	Federglied
c	$[m/s]$	Molekülgeschwindigkeit
C	$[kJ/kgK]$	Wärmekapazität
C	$[1/s^2]$	Federsteifigkeitsparameter
c_0	$[m/s]$	Schallgeschwindigkeit
d	$[kg/s]$	Dämpfungsglied
d	$[m]$	Durchmesser
D	[/]	Dämpfungsparameter
Da	[/]	Damköhlerzahl
$\dot{D}$	$[Nm]$	Drehimpulsstrom
E	$[m^3/s^2]$	Energie pro Wellenzahl
f	$[Hz]$	Frequenz
f	$[N]$	Kraft
f	[/]	Funktion
F	$[dB]$	Amplitudenfrequenzgang
g	[/]	Funktion
G	$[kJ]$	freie Enthalpie
H	$[kJ]$	Enthalpie
i	$[N]$	Axialimpulsstrom
k	$[m^2/s^2]$	Turbulente kinetische Energie
l	$[m]$	Länge
l	$[m]$	Wirbelgröße
L	$[m]$	Länge
L	$[m]$	turbulentes Längenmaß
m	$[kg]$	Masse
$\dot{m}$	$[kg/s]$	Massestrom
p	[/]	Parameterkomponente
p	$[N/m^2]$	Druck
P	$[N]$	Druckkraft
P	$[W]$	elektrische Heizleistung
Pu	[/]	Pulsationsgrad
Q	$[kJ]$	Wärme
$\dot{Q}_{th}$	$[W]$	Feuerungsleistung
r	$[m]$	Radius

R	[m]	Länge / Radius
R	[kJ/kgK]	Spez. Gaskonstante
R	[Ω]	elektrischer Widerstand
s	[m]	Wegstrecke
S	[/]	Drallzahl
S	[kJ/K]	Entropie
t	[s]	Zeit
T	[K, °C]	Temperatur
T	[1/s]	Periode
Tu	[/]	Turbulenzgrad
u	[m/s]	axiale Geschwindigkeitskomponente
U	[kJ]	innere Energie
U	[V]	elektrische Spannung
v	[/]	spez. Rauchgasmenge
v	[m/s]	radiale Geschwindigkeitskomponente
V	[m³]	Volumen
w	[m/s]	tangentiale Geschwindigkeitskomponente
W	[kJ]	Arbeit
x	[m]	Raumkoordinate in x - Richtung
x	[/]	allgem. Zustandsgröße
y	[m]	Raumkoordinate in y - Richtung
z	[m]	Raumkoordinate in z - Richtung

Griechische Symbole:

α	[W/m²K]	Wärmeübertragungskoeffizient
δ	[m]	Flammendicke
ε	[m²/s³]	Intensität der turbulenten Dissipation
Γ	[m²/s]	lokale Zirkulation
η	[/]	entdimensionierte Anregungsfrequenz
φ	[Grad]	Phasendifferenzwinkel
κ	[1/m]	Wellenzahl
κ	[/]	Isentropiefaktor
λ	[/]	Luftzahl
λ	[m]	Wellenlänge
Λ	[m/s]	Brenngeschwindigkeit
μ	[Ns/m²]	dynamische Viskosität
μ	[kJ/kg]	chemisches Potential
ν	[m²/s]	kinematische Viskosität
ρ	[kg/m³]	Dichte
τ	[s]	Zeit-Laufkoordinate
ω	[Hz]	Kreisfrequenz

Tiefgestellte Indizes:

a	Aktivierung
A	Anlage
äq	äquivalent
Ar	Abgasrohr
aus	ausströmend
ax	axiale Richtung
Bk	Brennkammer
calc	berechnet
d	Düsenaustritt
Druck	Normiert bzgl. Druck
eff	Effektiv
ein	einströmend
el	elektrisch
exp	gemessen
F	Fluid
Fl	Flamme
ges	Gesamt
HD	Hitzdraht
hpt	Hauptflamme
i, j	laufende Indices
irrev	irreversibel
k	Kolmogorov
konv	konvektiver Anteil
korr	korrigiert
krit	kritisch
l	laminar
lam	laminar
Masse	Normiert bzgl. Massestrom
max	Maximalwert
Misch	Gemisch
Mittel	gemittelt
n	Normbedingungen
p	konstanter Druck
pil	Pilotflamme
PM	Photomultiplier
Puls	pulsiert
R	Reaktion
R	Resonanz
R	Rohr
reakt	Reaktion

Ref	Referenz
rev	reversibel
Rg	Rauchgas
rms	Root Mean Square-Wert
Schwing	Schwingung
t	turbulent
th	theoretisch
th	thermisch
turb	turbulent
V	konstantes Volumen
V	Verzug
vol	volumetrisch
0	Referenz
0	Charakteristik
0	Eigen(kreis)frequenz
∞	unendlich

Hochgestellte Indizes:

$\wedge$	Amplitudenwert einer Schwingung
-	Zeitlicher Mittelwert einer zeitabhängigen Größe
~	Periodischer Anteil einer zeitabhängigen Größe
'	stochastischer Anteil einer zeitabhängigen Größe
*	elektronisch angeregter Zustand

8 Abbildungsverzeichnis

9 Literaturverzeichnis

1 /   http://www.env-it.de/umweltdaten/public/document/downloadImage796

2 /   http://www.env-it.de/umweltdaten/public/document/downloadImage

3 /   Boyce, M.P.: Gas Turbine Engineering Handbook, Gulf Publishing Company, Houston, Texas, USA (1998)

4 /   Sattelmeyer, T., Felchin, M., Haumann, J., Hellat, J., Styner, D.: Second-Generation Low-Emission Combustors for ABB Gas Turbines, Transaction of the ASME 118 Vol. 114 (1992)

5 /   Döbbeling, K., Valk, M., Griffin, T., Pennel, D.: Magere Vormischverbrennung von Erdgas und Heizöl EL bei hohen Vorheiztemperaturen (800K) und hohen Brennkammerdrücken (30bar), VDI Berichte 1313, S. 109 ff. (1997)

6 /   Dowling, A., Stow, S.: Acoustic Analysis of Gas Turbine Combustors, Journ. Of Power and Propulsion, S. 751 – 764 (2003)

7 /   Lieuwen, T.: Combustion driven Oscillations in Gas Turbines, Turbomachinery Int. (2003)

8 /   Abbott, D.: Combustion driven Oscillations in a Gas Turbine Combustor, ECOS 2000 (2000)

9 /   Krebs, W., Flohr, P., Prade, B., Hoffmann, S.: Thermoacoustic Stability Chart of High-Intensity Gas Turbine Combustion Systems, Comb. Sci. and Tech. 174:99-128 (2002)

10 /   Lenz, W.: Die dynamischen Eigenschaften von Flammen und ihr Einfluss auf die Entstehung selbsterregter Brennkammerschwingungen, Dissertation, Universität Karlsruhe (TH) (1980)

11 /   Priesmeier, U.: Das dynamische Verhalten von Axialstrahl-Diffusionsflammen und dessen Bedeutung für die Entstehung selbsterregter Brennkammerschwingungen, Dissertation, Universität Karlsruhe (TH) (1987)

12 /   Büchner, H.: Experimentelle und theoretische Untersuchungen der Entstehungsmechanismen selbsterregter Druckschwingungen in technischen Vormisch-Verbrennungssystemen, Dissertation, Universität Karlsruhe (TH) (1992)

13 /   Büchner, H.: Strömungs- und Verbrennungsinstabilitäten in technischen Verbrennungssystemen, Habilitationsschrift, Universität Karlsruhe (TH) (2001)

14 /   Büchner, H.: Hirsch, C., Leuckel, W.: Experimental Investigations on the Dynamics of Pulsated Premixed Axial Jet Flames, Combust. Sci. and Tech. 94:219-228 (1993)

15 / Büchner, H.: Messungen und Berechnungen der Druckschwingungscharakteristik eines realen, dämpfungsbehafteten Helmholtz-Resonators, Kaleidoskop aus aktueller Forschung und Entwicklung, ISBN 3-00-001593-0, S. 123 (1997)

16 / Arnold, G.: Ermittlung des Übertragungsverhaltens einer realen, dämpfungsbehafteten Modellbrennkammer (Helmholtz-Resonator-Typ), Diplomarbeit, Lehrstuhl für Verbrennungstechnik, EBI, Universität Karlsruhe (TH) (2000)

17 / Arnold, G., Lohrmann, M., Büchner, H.: Modelling of the Resonance Characteristics of a Helmholtz-Resonator-Type Combustion Chamber with Energy Dissipation, Proc. of the Int. Gas Research Conference (IGRC), Amsterdam (2001)

18 / Russ, M., Büchner, H.: Pressure Scaling of Stability Limits in Gas Turbine Combustors, Proc. of ASME Turbo Expo 2007, GT-2007-27775, Montreal, Canada (2007)

19 / Russ, M., Büchner, H.: Berechnung des Schwingungsverhaltens gekoppelter Helmholtz-Resonatoren in technischen Verbrennungssystemen, VDI-Berichte 1988 zum 23. Deutschen Flammentag Berlin, 175-182, ISBN 978-3-091988-1 (2007)

20 / Lohrmann, M.: Die Bedeutung flammeninterner Verzugszeiten für die Entstehung selbsterregter Verbrennungsinstabilitäten, Dissertation, Universität Karlsruhe (TH) (2006)

21 / Lohrmann, M., Büchner, H., Zarzalis, N., Krebs, W.: Flame Transfer Function Characteristics of Swirl Flames for Gas Turbine Applications, Proc. of ASME Turbo Expo 2003, GT2003-38113, Atlanta, USA (2003)

22 / Lohrmann, M., Büchner, H.: Scaling of Stability Limits in Lean-Premixed Gas Turbine Combustors, Proc. of ASME Turbo Expo 2004, GT2004-53710, Vienna, Austria (2004)

23 / Lohrmann, M., Büchner, H.: Scaling of Stability Limits for LP and LPP Gas Turbine Combustors with Universal Flame Transfer Functions, Comb. Sci. and Tech. 177:2243-2273 (2005)

24 / Kühlsheimer, C.: Die Bedeutung periodischer Ringwirbelstrukturen für das Auftreten selbsterregter Verbrennungsinstabilitäten, Dissertation, Universität Karlsruhe (TH) (2005)

25 / Kühlsheimer, C., Büchner, H.: Combustion Dynamics of Turbulent Swirling Flames, Combustion and Flame 131/1-2, S. 70-84 (2002)

26 / Hillemanns, R.: Das Strömungs- und Reaktionsfeld sowie Stabilisierungseigenschaften von Drallflammen unter dem Einfluss der inneren Rezirkulationszone, Dissertation, Universität Karlsruhe (TH) (1988)

27 /   Lugt, H.J.: Vortex Flow in Nature and Technology, Wiley Interscience Publ., New York (1983)

28 /   Beér, J.M., Chigier, N.A.: Combustion Aerodynamics, Applied Science Publ. Ltd., London (1972)

29 /   Günther, R., Jacobs, J.: Eigenschaften von Drallflammen, Techn. Mitteilungen, 65.Jg., H.6 (1972)

30 /   Leuckel, W., Fricker, N.: The Characteristics of swirl-stabilized natural Gas Flames, Journ. Inst. Fuel, 1976, pp. 103-112, pp. 152-158 (1976)

31 /   Leuckel, W.: Einfluss der Verdrallung auf die Eigenschaften turbulenter Diffusionsflammen, Archiv f. Eisenhüttenwesen, 43, H.2, S.189 (1972)

32 /   Bender, C., Büchner, H.: Noise Emission from a premixed Swirl Combustor, Proc. of 12th Intern. Congress on Sound and Vibration (ICSV 12) (2005)

33 /   Günther, R.: Technik der Gasverbrennung, Gaskurs, Universität Karlsruhe (TH), S. 213-278 (1972)

34 /   Leuckel, W.: Swirl Intensities, Swirl Types and Energy Losses of different Swirl Generating Devices, IFRF Doc. Nr. G02/a/16 (1967)

35 /   Schmid, C.: Drallbrenner-Simulation durch Starrkörper-Wirbelströmung unter Einbeziehung von drallfreier Primärluft und Verbrennung, Dissertation, Universität Karlsruhe (TH) (1991)

36 /   Weber, R., Dugué, J., Horsman, H.: The Effect of Combustion on Swirling Expanding Flows, IFRF-DOC. No. F 95/9/6 (1989)

37 /   Zierep, J.: Grundzüge der Strömungslehre, Springer, Berlin – Heidelberg (1993)

38 /   Rotta, J.C.: Turbulente Strömungen, Stuttgart (1972)

39 /   Reynolds, O.: On the Dynamical Theory of Incompressible Viscous Fluids and the Determination of the Criterion, Phil. Trans. Roy. Soc. London, A186, p.p. 123 (1895)

40 /   Taylor, G.I.: The Spectrum of Turbulence, Proc. Roy. Soc. London, A164, p. 476-490 (1938)

41 /   Hinze, J.: Turbulence, McGraw-Hill series in mechanical engineering (1975)

42 /   Leuckel, W., Zarzalis, N.: Skriptum zur Vorlesung „Theorie turbulenter Strömungen ohne und mit überlagerter Verbrennung 1", Engler-Bunte-Institut Bereich Verbrennungstechnik, Universität Karlsruhe (TH) (2003)

43 /   Townsend, A.A.: Proc. Roy. Soc. London Vol. 208A, p. 534 (1951)

/ 44 /   Philipp, M.: Experimentelle und theoretische Untersuchungen zum Stabilitäts-
verhalten von Drallflammen mit zentraler Rückströmzone, Dissertation, Universität Karlsruhe (TH) (1991)

/ 45 /   Christill, M.: Untersuchungen zum Einfluss hinderniserzeugter Turbulenz auf
die instationäre Flammenausbreitung in Brenngas/ Luft- Gemischen, Dissertation, Universität Karlsruhe (TH) (1990)

/ 46 /   Magnus, K., Popp, K.: Schwingungen – Eine Einführung in physikalische
Grundlagen und die theoretische Behandlung von Schwingungsproblemen, 7.
durchges. Aufl., Teubner Stuttgart-Leipzig-Wiesbaden (2005)

/ 47 /   Kauderer, H.: Nichtlineare Mechanik, Berlin (1958)

/ 48 /   Minorsky, N.: Introduction to Non-Linear Mechanics, Ann Arbor (1947)

/ 49 /   Stoker, J.J.: Non-Linear Vibrations in Mechanical and Electrical Systems, New
York (1950)

/ 50 /   Maas, U.: Skriptum zur Vorlesung "Grundlagen der technischen Verbrennung", Inst. f. Techn. Thermodynamik, Universität Karlsruhe (TH) (2004)

/ 51 /   Warnatz, J., Maas, U., Dibble, R.W.: Verbrennung – Physikalische-Chemische
Grundlagen, Modellierung und Simulation, Experimente, Schadstoffentste-
hung, 2. überarb. u. erw. Auflage, Springer (1997)

/ 52 /   Bockhorn, H.: Skriptum zur Vorlesung "Grundlagen der Verbrennungstechnik
1", Engler-Bunte-Institut Bereich Verbrennungstechnik, Universität Karlsruhe
(TH) (2003)

/ 53 /   Leuckel, W.: Skriptum zur Vorlesung "Feuerungstechnik 1 – Grundlagen",
Engler-Bunte-Institut Bereich Verbrennungstechnik, Universität Karlsruhe (TH)
(1994)

/ 54 /   Günther, R.: Skriptum zur Vorlesung "Feuerungstechnik 1 und 2", Engler-
Bunte-Institut Bereich Verbrennungstechnik, Universität Karlsruhe (TH) (1974)

/ 55 /   Peters, N.: Technische Verbrennung, Inst. F. Techn. Mechanik, RWTH Aa-
chen (2006)

/ 56 /   Peters, N.: Turbulent Combustion, Cambridge University Press (1999)

/ 57 /   Schmid, H.P.: Ein Verbrennungsmodell zur Beschreibung der Wärmefreisetzung von vorgemischten turbulenten Flammen, Dissertation, Universität Karlsruhe (TH) (1995)

/ 58 /   Damköhler, G.: Der Einfluss der Turbulenz auf die Flammengeschwindigkeit in
Gasgemischen, Zeitschrift f. Elektrochemie u. angew. phys. Chemie
46/11:601-626 (1940)

59 / Zimont, V.: Theory of turbulent Combustion of a Homogeneous Fuel Mixture at High Reynolds Numbers, Combust. Explosives and Shock Waves 15:305-311 (1979)

60 / Shchelkin, K.I., Troshin, Y.A.: Gasdynamic of Combustion, Mono Book Corp. (1956)

61 / Borghi, R.: On the Structure and Morphology of Turbulent Premixed Flames, Recent Advances in Aerospace, S. 171ff., Pergamon (1984)

62 / Andrews, G.E., Bradley, D.: The Burning Velocity of Methane- Air- Mixtures, Combustion and Flame 19/275-288 (1972)

63 / Andrews, G.E., Bradley, D., Lwakabamba, S.B.: Measurement of Turbulent Burning Velocity for Large Turbulent Reynolds Numbers, 15th Symp. (Int.) on Combustion p. 655-664 (1974)

64 / Liu, Y.: Untersuchung zur stationären Ausbreitung turbulenter Vormischflammen, Dissertation, Universität Karlsruhe (TH) (1991)

65 / Nastoll, W.: Untersuchungen zur instationären turbulenten Flammenausbreitung in geschlossenen Behältern, Dissertation, Universität Karlsruhe (TH)

66 / Karlovitz, B., Denniston, D.W., Wells, F.E.: Investigation of Turbulent Flames, Journal of Chem. Physics 19/5:541-547 (1951)

67 / Wiliams, D.T., Bollinger, L.M.: The Effect of Turbulence on Flame Speeds of Bunsen-Type Flames, Proc. Combust. Instit. 3:176-185 (1949)

68 / Liu, Y., Lenze, B., Leuckel, W.: Investigation on the Laminar and Turbulent Burning Velocities of Premixed Lean and Rich Flames of CH_4-H_2 Mixtures, 12th Int. Colloq. On the Dyn. of Exp. and React. Syst. (ICDERS), Ann Arbour, USA (1989)

69 / Sharma, S.P., Agrawal, D.D., Gupta, C.P.: The Pressure and Temperature Dependence of Burning Velocity in a Spherical Combustion Bomb, Proc. Combust. Instit. 18:493 (1981)

70 / Zhao, Z., Conley, J.P., Kazakov, A., Dryer, F.L.: Burning Velocities of Real Gasoline Fuel at 353 K and 500 K, SAE-Paper 2003-07-3265, S. 147-152 (2003)

71 / Lauer, G., Leuckel, W.: An experimental and computational Study on the Laminar Burning Velocity and kinetic structure of premixed CH4- and H2/CO/N2-Air Flames at elevated Pressures and Temperatures, in Book of Abstracts, Joint Meeting of the French and German Sections of the Combustion Institute, Mulhouse, France (1995)

72 / Lauer, G., Leuckel, W.: Laminar Burning Velocity of Coal Gases and Methane at elevated Pressures and Temperatures: Experiments and Modelling, *archivum combustionis*, 15, 7-23 (1995)

73 /   Bradley, D., Hundy, F.: Burning Velocities of Methane-Air Mixtures using Hot-Wire Anemometers in closed Vessel Explosions, 13th Symp. (Int.) on Combustion, p. 575 (1971)

74 /   Lindow, R.: Zur Bestimmung der laminaren Flammengeschwindigkeit, Dissertation, Universität Karlsruhe (TH) (1966)

75 /   GRI-Mech 3.0 on: http://www.me.berkley.edu/gri_mech/

76 /   Hoffmann, A., Wetzel, F., Zarzalis, N.: Modelling of Unsteady Combustion in Low Emission Systems – Extension of Kinetic Scheme to highly diluted Combustion, Deliverable Report D2.4, European Community, G4RD-CT-2002-00644 (2002)

77 /   Soika, A., Dinkelacker, F., Leipertz, A.: Pressure Influence on the Flame Front Curvature of turbulent premixed Flames: Comparison between Experiment and Theory, Combustion and Flame 132/451-462 (2003)

78 /   Griebel, P., Siewert, P., Bombach, R., Inauen, A., Schenker, S., Jansohn, P.: Charakteristika und turbulente Flammengeschwindigkeit von mageren, vorgemischten CH4/Luft-Hochdruckflammen, VDI-Berichte 1888 zum 22. Deutschen Flammentag Braunschweig, 207-216, ISBN 3-18-091888-8 (2005)

79 /   Griebel, P., Siewert, P., Bombach, R., Inauen, A., Schenker, S., Schären, R.: Flame Characteristics and turbulent Flame Speeds of turbulent, high-pressure, lean premixed Methane/Air Flames, Proc. of ASME Turbo Expo 2005, GT2005-68565, Reno-Tahoe, USA (2005)

80 /   Griebel, P., Siewert, P., Bombach, R., Inauen, A., Kreutner, W., Schären, R.: Flow Field and Structure of turbulent high-pressure premixed Methane/Air Flames, Proc. of ASME Turbo Expo 2003, GT2003-38398, Atlanta, USA (2003)

81 /   Meyer, A., Büchner, H.: High-Frequency Oscillation in Lean-Premixed Gas Turbine Combustors, Proc. of the 7th Industrial Furnaces and Boilers, ISBN 972-99309-1-0, p. 18-21 (2006)

82 /   Lord Rayleigh, J.W.S.: The Explanation of Certain Acoustic Phenomena, Nature 18:316 (1978)

83 /   Lord Rayleigh, J.W.S.: Theory of Sound, Band 2, Dover Public New York, (1945); Reprogr. Nachdruck d. Ausgabe (1894/1896)

84 /   Putnam, A.A., Dennis, W.R.: Organ Pipe Oscillation in Flame-filled Tubes, Proc. Combust. Inst. 4:556 (1952)

85 /   Baade, P., Herrich, R.W: Combustion Oscillations in Gas-Fired Appliances, 1st Conf. Nat. Gas Research and Technology, Atlanta, USA (1972)

86 /   Brouer, B.: Regelungstechnik für Maschinenbauer, Teubner, Stuttgart-Leipzig, ISBN 3-519-16328-4 (1998)

87 /   Büchner, H., Zarzalis, N.: Skriptum zu Praktikum und Vorlesung "Angewandte Verbrennungstechnik – Experiment: Verbrennungsschwingungen", Engler-Bunte-Institut Bereich Verbrennungstechnik, Universität Karlsruhe (2003)

88 /   Skudrzyk, E.: Die Grundlagen der Akustik, Springer, Wien (1954)

89 /   Helmholtz, H.v.: Theorie der Luftschwingungen in offenen Röhren, Journal für reine und angewandte Mathematik, 57(1):1-72 (1860)

90 /   Keller, J.J.: On the Use of Helmholtz Resonators as Sound Attenuators, Zeitschr. Angew. Math. Phys. 46 (1995)

91 /   Schlichting, H.: Grenzschichttheorie, Verlag G.Braun, Karlsruhe (1965)

92 /   Petsch, O., Pritz, B., Magagnato, F., Büchner, H.: Untersuchungen zum Resonanzverhalten einer Brennkammer vom Helmholtz-Resonator-Typ, VDI-Berichte 1888 zum 22. Deutschen Flammentag Braunschweig, P01, ISBN 3-18-091888-8 (2005)

93 /   Correa, S.M.: Power Generation and Aeropropulsion Gas Turbines: From Combustion Science to Combustion Technology, Proc. Combust. Instit. 27:1793 (1998)

94 /   Hahner, T., Ulrich, H., Prade, B., Streb, H., Judith, H.: Development of a New Hybrid Burner Generation Initial Experience in the Siemens V84.2 and V94.2 Gas Turbines, CIMAC, 22nd Proc. Int. Congress on Combust. Engines 5:1189, Copenhagen, Denmark (1998)

95 /   Gupta, A.K., Lilley, D.G., Syred, N.: Swirl Flows, Abacus Press, Turnbridge Wells, England (1984)

96 /   Spalding, D.B.: Theoretical Aspects of Flame Stabilization, Aircraft and Engineering, p. 264-276 (1953)

97 /   Leuckel, W.: Untersuchungen zur Zündstabilisierung und zur Reaktionsverteilung verdrallter, turbulenter Diffusionsflammen, Teil2: Erdgasflammen mit verdrallter Verbrennungsluft, GASWÄRME Intern., Band 20, Heft 1 S. 18 (1971)

98 /   Bender, C.: Periodische Störungen im isothermen Strömungsfeld staukörper-stabilisierter Vormischbrenner, Seminararbeit, Engler-Bunte-Institut Bereich Verbrennungstechnik, Universität Karlsruhe (TH) (2002)

99 /   Lohrmann, M., Büchner, H.: Coherent Flow Structures in Turbulent Swirl Flows as Drivers of Combustion Instabilities, Advances in Combustion and Noise Control, Selected Papers of the "International Colloquium on Combustion and Noise Control (2005)

100 / Becker, S.: Geometrieabhängigkeit der Schwingungsstabilität eines Drallbrenners, Seminararbeit, Engler-Bunte-Institut Bereich Verbrennungstechnik, Universität Karlsruhe (TH) (2002)

101 / Shadow, K.C., Gutmark, E., Parr, D.M., Wilson, K.J., Crump, J.E.: Large-Scale coherent Structures as Drivers of Combustion Instabilities, Comb. Sci. and Tech. 64/167-186 (1989)

102 / Poinsot, T., Trouvé, A., Veynante, D., Candel, S., Esposito, E.: Vortex-driven acoustically coupled combustion instabilities, Journal of Fluid Mechanics 177/265-292

103 / Hermesmeyer, H., Prade, B., Gruschka, U., Schmitz, U., Hoffmann, S., Krebs, W.: V64.3A Gas Turbine Natural Gas Burner Development, Proc. of ASME Turbo Expo 2002, GT2002-30106, Amsterdam, The Netherlands (2002)

104 / Catlin, J.B., Day, W.H., Goom, K.: The Pratt & Whitney Industrial Gas Turbine Product Line, Proc. Of Power Gen Conference (1999)

105 / Tyndall, J.: On the action of sonorous vibrations on gaseous and liquid jets, Phil. Mag. (4) 33/375-391 (1867)

106 / Helmholtz, H.v.: Über diskontinuierliche Flüssigkeitsbewegungen, Monatsber. Königl. Akad. Wiss. S.215-228, Berlin (1868)

107 / Lord Rayleigh, J.W.S.: On the instability of Jets, Proc. London Math. Soc. 10, p. 4-13 (1879)

108 / Schade, H., Michalke, A.: Zur Entstehung von Wirbeln in einer freien Grenzschicht, Zeitschrift für Flugwissenschaften 10, Heft 4/5, S. 147-154 (1962)

109 / Krutsch, C.-H.: Über eine experimentell beobachtete Erscheinung an Wirbelringen bei ihrer translatorischen Bewegung in wirklichen Flüssigkeiten, Ann. Phys. (5) 35, p. 497-523 (1939)

110 / Krutsch, C.-H.: Über ein instabiles Gebiet bei Wirbelringen, Zeitschrift f. angew. Math. u. Mech., Band 16, Heft 6, S. 147-154 (1962)

111 / Wakelin, S.L., Riley, N.: On the Formation and Propagation of Vortex Rings and Pairs of Vortex Rings, J. Fluid Mech., vol. 332, p. 121-139 (1997)

112 / Russ, M., Büchner, H.: Stabilisierungseigenschaften mager vorgemischter Erdgas- und Kerosinflammen (LP- und LPP- Flammen), Vorstellungskatalog der Forschungsinitiative „Kraftwerke des 21. Jahrhunderts" zur Hannovermesse 2006 (2006)

113 / Wolfbrandt, G.: Flame Transfer Function Measurements, R.W. Herrick Laboratories Report No.9 (1975)

114 / Hatami, R.: Das Übertragungsverhalten von turbulenten Diffusionsflammen in Brennkammern, Dissertation, Universität Karlsruhe (TH) (1973)

115 / Schmidt, G.: Grundlagen der Regelungstechnik, 2. Auflage, Springer (1987)

116 / König, N.: Experimentelle Untersuchungen zum instationären Einmischverhalten von isothermen Drallstrahlen, Diplomarbeit, Universität Karlsruhe (TH) (1997)

117 / Eberius, H.: Untersuchungen der laminaren Brenngeschwindigkeit in Kerosin/Luft- Gemischen relativ zu Propan/Luft- Gemischen, VDI-Berichte 1629, S. 307-310, VDI-Verlag Düsseldorf (2001)

118 / Installation and Operation Manual, Brooks Smart Series, Brooks Instrument (2005)

119 / Bruun, H.H.: Hot-Wire Anemometry – Principals and Signal Analysis, Oxford University Press, New York, USA (1995)

120 / Peggs, G.N.: High Pressure Measurement Techniques, Applied Science Publisher LTD, England (1983)

121 / Rochow, S.: Experimentelle und analytische Untersuchungen des Resonanzverhaltens eines einfachen Helmholtz-Resonators in Abhängigkeit seiner Auslassgeometrie, Studienarbeit, Engler-Bunte-Institut Bereich Verbrennungstechnik, Universität Karlsruhe (TH) (2008)

122 / Arrhenius, S.: Über die Reaktionsgeschwindigkeit bei der Inversion von Rohrzucker durch Säuren, Z Phys. Chem. 4:226 (1889)

123 / Maier, P.: Untersuchungen turbulenter isothermer Drallfreistrahlen und turbulenter Drallflammen, Dissertation, Universität Karlsruhe (TH) (1967)

124 / Zarzalis, N., Ripplinger, T., Hohmann, S., Hettel, M., Merkle, K., Leuckel, W., Klose, G., Meier, R., Koch, R., Wittig, S., Carl, M., Behrendt, T., Hassa, C., Meier, U. , Lückerath, R., Stricker, W.: Low-NOx Combustor Development national research program in a cooperative effort among engine Manufacturer MTU, Aerospace Science and Technology, 6, 531-544 (2002)

125 / Beltagui, S.A., Maccallum, N.R.L.: Aerodynamics of vane-swirled flames in furnaces, Journ. Inst. Fuel 49 (1976)

126 / Spurk, J.H.: Strömungslehre, 3rd edition (1987)

127 / Mathews, J., Walker, R.L.: Mathematical Methods of Physics, Benjamins/Cummings, 2nd edition (1970)

128 / Hamilton, M.F., Blackstock, D.T.: Nonlinear Acoustics, San Diego, CA, Academic Press (1997)

129 / Dowling, A.P., Fowcs, F., Williams, J.: Sound and Sources of Sound, Ellis Horwood Limited (1983)

130 / Munjal, M.L.: Acoustics of Ducts and Mufflers, John Liley and Sons (1987)

131 / Eckstein, J.: On the Mechanisms of Combustion Driven Low-Frequency Oscillations in Aero-Engines, Dissertation, Technische Universität München (2004)

10 Anhang

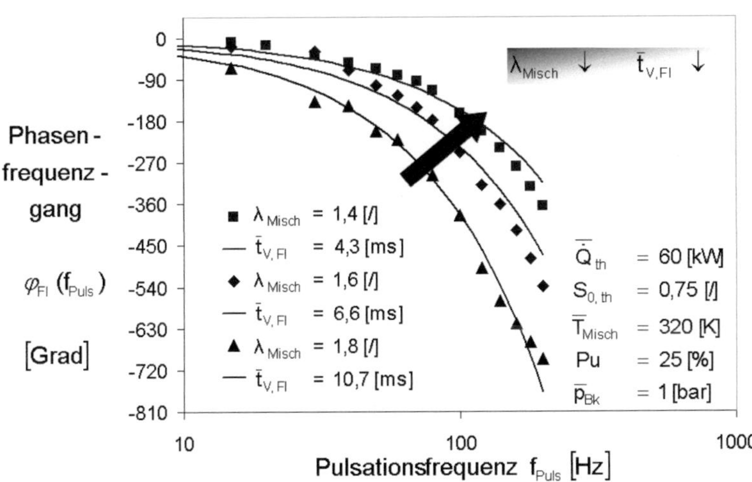

Abbildung 10-1 Phasenfrequenzgänge der Erdgas LP-Drallflammen unter Variation der Gemischluftzahl

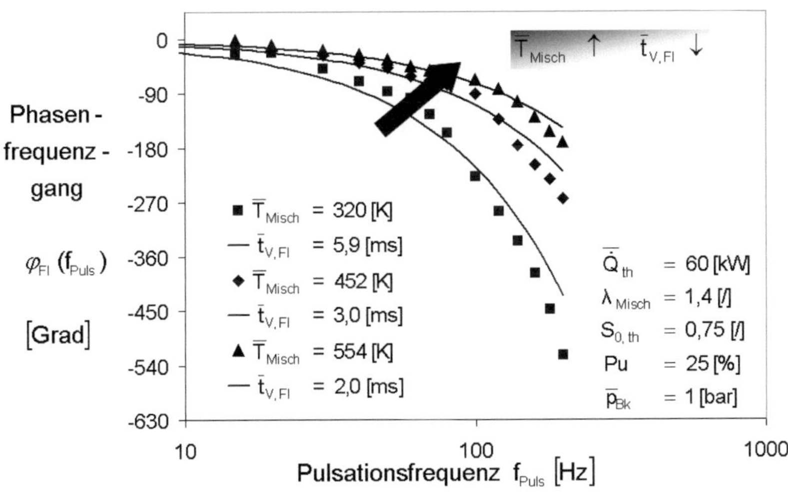

Abbildung 10-2 Phasenfrequenzgänge der Erdgas LP-Drallflammen unter Variation der Gemischtemperatur

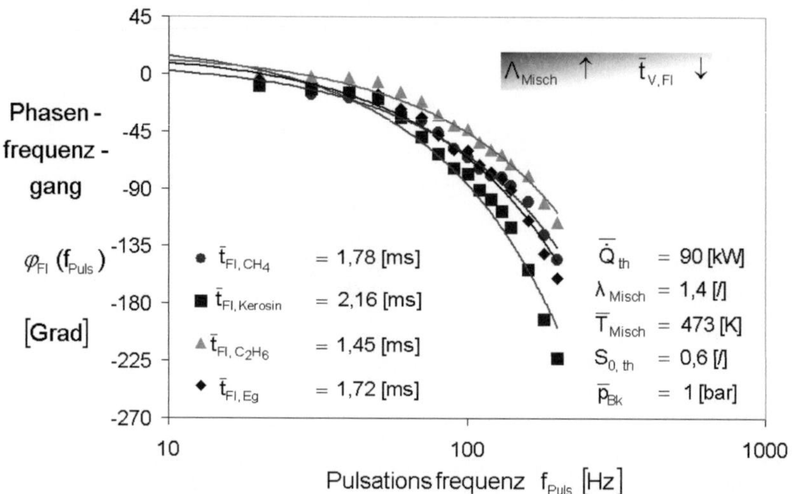

Abbildung 10-3 Phasenfrequenzgänge der Erdgas LP-Drallflammen unter Variation des Brennstoffes

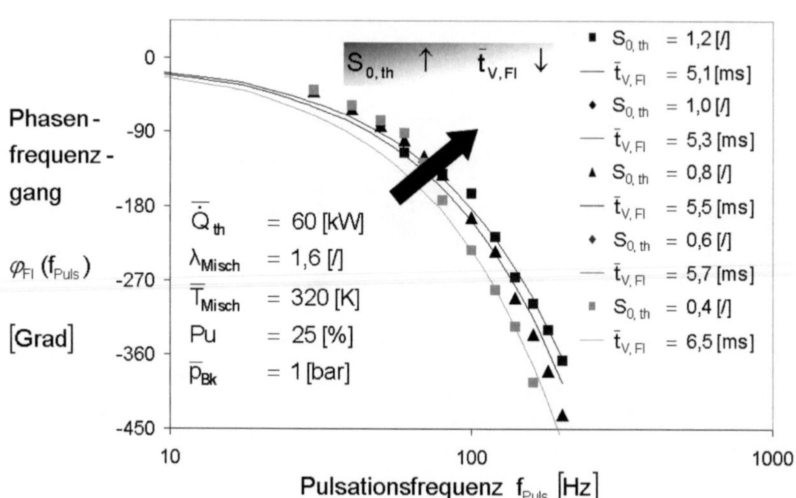

Abbildung 10-4 Phasenfrequenzgänge der Erdgas LP-Drallflammen unter Variation der theoretischen Drallzahl

Betriebspunkt	$\overline{p}_{Bk}$ [Pa]	$\lambda_{Misch,hpt}$ [/]	$\lambda_{Misch,ges}$ [/]	$\overline{\dot{Q}}_{th,hpt}$ [kW]	$\overline{u}_{d,vol,ax}$ [m/s]	$\hat{p}_{Bk,rms}$ [Pa_{rms}]	$f_{Schwing}$ [Hz]	$\varphi_{Fl,krit}$ [Grad]
1	2,8	1,64	1,38	9,23	8,49	210	94	-216
2	3,1	1,58	1,36	10,21	8,43	230	97	-226,8
3	3,2	1,61	1,38	10,69	8,31	250	97	-223,2
4	4,2	1,63	1,44	13,61	8,68	450	96	-208,8
5	4,2	1,65	1,45	14,09	8,62	500	96	-234
6	4,6	1,62	1,45	15,55	8,57	570	97	-212,4
7	5	1,60	1,44	17,01	8,73	630	97	-219,6
8	5,1	1,57	1,43	17,98	8,69	620	97	-230,4
9	5,3	1,59	1,44	18,47	8,68	650	97	-226,8
10	5,5	1,56	1,42	19,44	8,70	670	97	-223,2
11	4,75	1,59	1,43	16,52	9,02	620	97	-216
12	6	1,54	1,42	22,36	8,85	550	98	-226,8
13	6,3	1,52	1,41	23,33	8,59	550	98	-223,2
14	6,5	1,49	1,38	23,81	8,47	560	98	-208,8
15	6,6	1,46	1,36	24,30	8,57	480	97	-208,8
16	6,7	1,50	1,40	24,30	8,52	520	98,5	-212,4
17	6,75	1,47	1,37	24,79	8,67	440	98	-219,6
18	7	1,46	1,37	26,24	8,65	510	100	-230,4
19	7,2	1,47	1,38	26,73	8,60	530	98	-226,8
20	7,25	1,45	1,36	27,22	8,64	410	98	-223,2
21	7,4	1,43	1,35	28,19	8,62	510	100	-216
22	7,6	1,44	1,36	28,67	8,60	500	98	-226,8
23	7,8	1,46	1,37	29,16	8,69	550	100	-223,2
24	7,9	1,47	1,38	29,65	8,59	550	99	-208,8
25	8	1,44	1,37	30,13	8,57	620	100	-205,2
26	8,2	1,45	1,37	30,62	8,66	660	100	-212,4
27	8,3	1,46	1,38	31,10	8,57	640	98	-219,6
28	8,4	1,44	1,37	31,59	8,65	730	101	-230,4
29	8,5	1,45	1,38	32,08	8,61	650	100	-226,8
30	8,8	1,44	1,37	33,05	8,54	820	100	-223,2
31	9	1,45	1,38	33,53	8,52	830	100	-216

Abbildung 10-5 Betriebsparameterkombinationen selbsterregter, periodischer Verbrennungsinstabilitäten

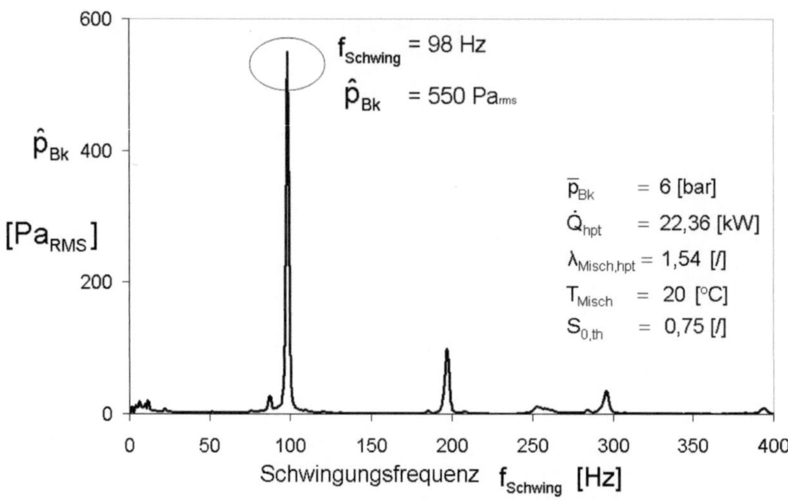

Abbildung 10-6 Frequenzspektrum der Druckamplitude bei selbsterregter Verbrennungsinstabilität

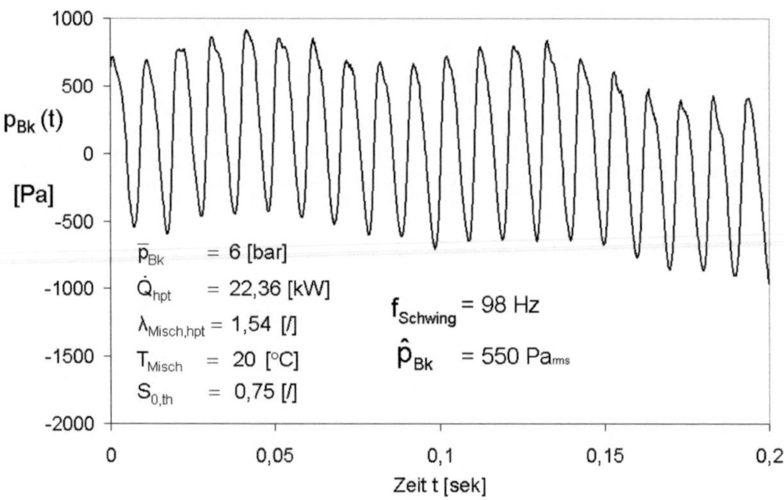

Abbildung 10-7 Zeitsignal des Brennkammerdruckes bei selbsterregter Verbrennungsinstabilität

138

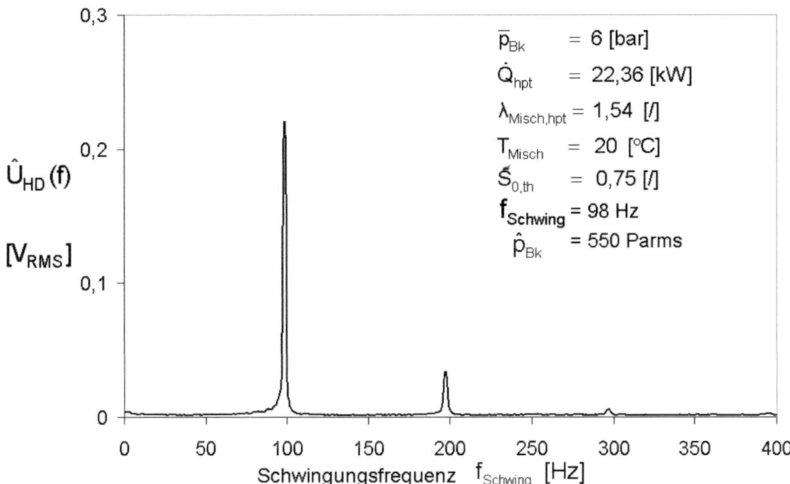

Abbildung 10-8 Frequenzspektrum der Hitzdrahtbrückenspannung bei selbsterregter Verbrennungsinstabilität

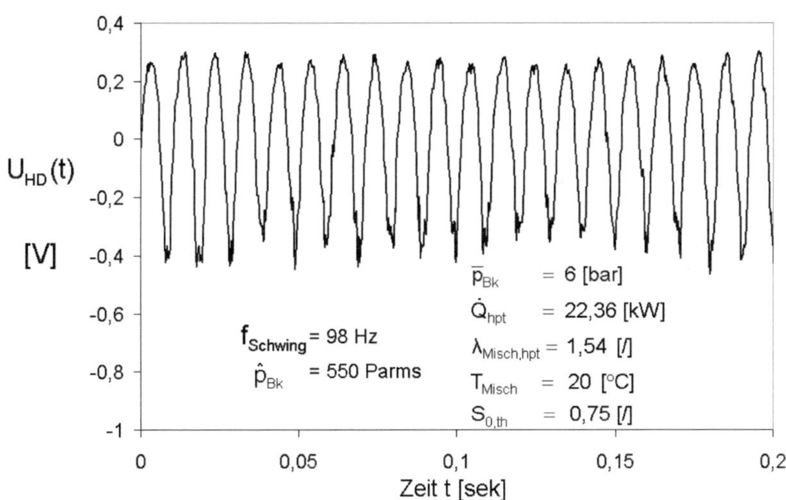

Abbildung 10-9 Zeitsignal des Hitzdrahtbrückenspannung bei selbsterregter Verbrennungsinstabilität

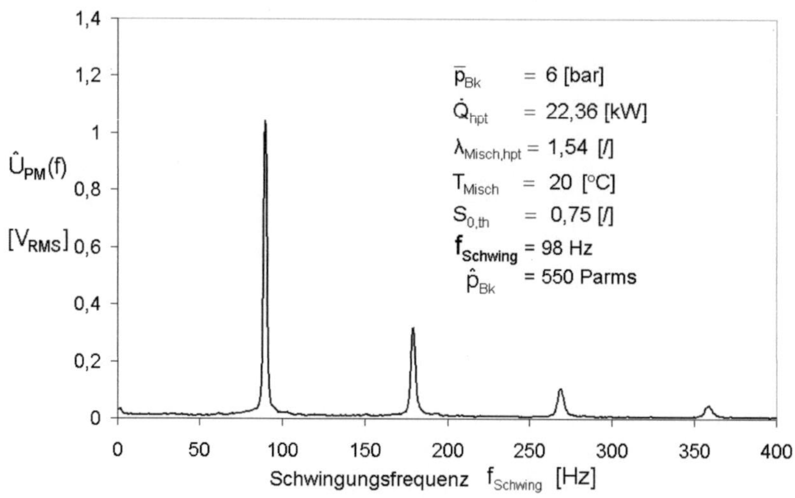

Abbildung 10-10 Frequenzspektrum der Fotomultiplierspannung bei selbsterregter Verbrennungsinstabilität

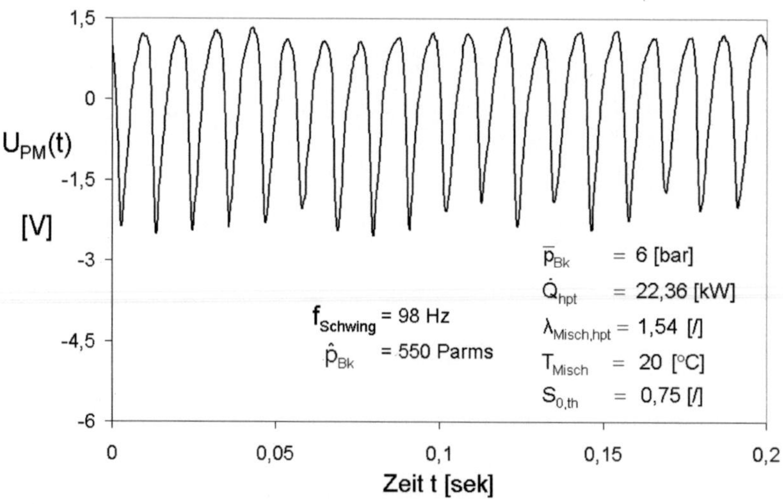

Abbildung 10-11 Zeitsignal der Fotomultiplierspannung bei selbsterregter Verbrennungsinstabilität